北京冬奥会
碳中和评估方法

唐葆君 沈 萌 王璐璐 李 玮 著

科学出版社

北京

内 容 简 介

本书通过系统性研究,深入探讨了如何确保北京冬奥会成功实现碳中和目标,展示其在全球气候变化应对中的贡献,以及北京冬奥会对京津冀地区协同发展的重要影响。首先,本书结合北京冬奥会的独特性,参考以往历届奥运会的低碳实践,详细分析了冬奥会的低碳管理内容,全面评估了碳中和成果。其次,本书从冬奥会的衍生效应入手,探讨了大型体育赛事对区域协同发展的影响,建立了科学系统的评价体系,定量评估了北京冬奥会在促进京津冀协同发展中的作用。

本书适用于能源与气候领域、管理科学与工程学科的学者、学生,以及大型活动的举办方和政府相关部门,可为其提供低碳管理的知识和实施方案参考。

图书在版编目(CIP)数据

北京冬奥会碳中和评估方法 / 唐葆君等著. -- 北京 : 科学出版社, 2025. 1. -- ISBN 978-7-03-080510-2

Ⅰ. X511

中国国家版本馆 CIP 数据核字第 2024PL0733 号

责任编辑:郝 悦 / 责任校对:王晓茜
责任印制:张 伟 / 封面设计:有道设计

科学出版社 出版
北京东黄城根北街 16 号
邮政编码:100717
http://www.sciencep.com
三河市春园印刷有限公司印刷
科学出版社发行 各地新华书店经销

*

2025 年 1 月第 一 版 开本:720×1000 1/16
2025 年 1 月第一次印刷 印张:7 1/4
字数:144 000
定价:102.00 元
(如有印装质量问题,我社负责调换)

前　　言

在全球气候问题不断加剧的背景下，各国都开始紧锣密鼓地推进减排工作，尽快实现降碳目标。为实现该目标，我国生态环境部曾发布《大型活动碳中和实施指南（试行）》，要求"大型活动组织者需在大型活动的筹备阶段制订碳中和实施计划，在举办阶段开展减排行动，在收尾阶段核算温室气体排放量并采取抵消措施完成碳中和"。同时，国际奥林匹克委员会（International Olympic Committee，IOC）（以下简称国际奥委会）也明确提出，2030 年后的奥运会都要做到"气候正影响"，举办地要以碳中和（carbon neutral）、碳补偿等方式，将碳排放降到最低。因此，作为《大型活动碳中和实施指南（试行）》颁布后我国举办的最具代表性的大型国际赛事之一，北京冬奥会成为我国开展碳中和实践的重要平台，必将在全国尤其是京津冀地区的低碳管理工作中发挥示范旗帜作用。

北京冬奥会碳排放监测精准全面，碳排放核算边界清晰、方法明确，低碳管理成果斐然。北京冬奥会通过统筹低碳管控、使用绿色能源、建设低碳场馆、搭建绿色交通体系、施行低碳行动等措施减少与管控碳排放；依靠林业碳汇、涉奥企业赞助核证自愿减排量等方式增加与促进了碳吸收；同时积极发挥碳普惠机制优势，在全社会有效树立了低碳观念，促进低碳行业发展，支持北京冬奥会圆满实现碳中和。除了低碳管理工作外，北京与张家口联合举办北京冬奥会已然成为京津冀全方位协同发展的催化剂。北京冬奥会筹备期间，京津冀区域得以加快调整优化城市布局和空间结构，构建现代化交通网络系统，扩大环境容量生态空间，推进产业升级转移，推动公共服务共建共享，加快市场一体化进程，成果显著。

本书一方面从北京冬奥会特点出发，参考历届奥运会低碳实践，详细地对北京冬奥会低碳管理工作内容以及碳中和成果进行阐述与评估；另一方面从北京冬奥会的衍生效应评估出发，探讨大型体育赛事对区域协同发展的影响，建立系统而科学的评价体系，从而论述北京冬奥会牵引京津冀协同发展情况，实现冬奥会碳中和研究的延伸及应用。

本书共分为两篇。

第一篇对北京冬奥会及其低碳管理成果进行总结与评估。①多维度、系统性地总结了北京冬奥会的特点。从办赛地点、办赛时间与筹办工作等三个方面入手，对"双奥之城""京张联合办奥"等独树一帜的办赛地点，对冬季办奥、疫情防控期间办奥等不同以往的办赛时间，对科技办奥、智慧办奥、绿色办奥、节俭办奥等贯彻始终的先进筹办工作等北京冬奥会区别于往届奥运会的特点进行详细阐述，并对北京冬奥会低碳管理工作的背景特点进行了介绍。②总结了历届奥运会的低碳管理实践。分别对从 2010 年温哥华冬奥会开始的奥运会的碳排放核算方法、低碳能源、低碳场馆、低碳交通、低碳观赛等历届奥运会关键低碳技术的实践，以及典型低碳目标实现路径进行总结，为北京冬奥会低碳实践提供横向借鉴与比较依据。③系统性地对北京冬奥会碳中和方案及"测算控谋"技术体系进行总结。首先，对北京冬奥会碳中和目标、总体方案以及北京冬奥会碳中和"测算控谋"技术体系进行介绍。其次，依次对"测""算""控""谋"等四部分进行介绍，从"人—机—物—环"①四方面总结了北京冬奥会碳排放监测与采集技术，按核算边界与核算方法两部分介绍了北京冬奥会碳排放核算方法学，对北京冬奥会低碳管控、低碳能源、低碳场馆、低碳交通、低碳行动这五大类型的碳减排与碳排放管控技术进行了总结，介绍了林业碳汇、涉奥企业赞助核证自愿减排量、碳普惠机制等三项北京冬奥会碳抵消措施并明确了北京冬奥会碳中和路径。④着重介绍了北京冬奥会碳普惠机制及其应用情况。首先，介绍了碳普惠机制的内涵、实现路径及其在我国的应用实践情况。其次，阐释了碳普惠机制主要组成、基础制度等核心要素及其相互之间的关系。最后，重点介绍了北京冬奥会碳普惠机制的组成和应用成果，对冬奥开展碳普惠应用对于京津冀地区发展的影响进行了探索分析。⑤综合上述内容对北京冬奥会碳减排和碳中和进行综合评估。不仅从环境效益（减排潜力）、经济性（成本）、可推广性、可持续性等角度建立了碳减排与碳中和评价指标体系，而且综合评估了北京冬奥会碳减排和碳中和的成效，用科学量化的方法展示了北京冬奥会低碳管理工作成效与北京冬奥会碳中和成果。

第二篇对北京冬奥会对京津冀协同发展的牵引情况进行评价、评估与总结。①从大型体育赛事出发，介绍了大型体育赛事对区域协同发展的影响。首先，介绍了大型体育赛事的特点；其次，从区域间的协同发展以及对社会、经济、环境三个维度的影响出发，阐述了大型体育赛事对办赛城市以及周边地区的影响；最后，以2008年北京奥运会和2010年温哥华冬奥会为典型案例，介绍了典型奥运赛事对区域协同发展的影响。②系统地搭建了大型赛事综合影响评估指标体系，并对北京冬奥会赛事协同可持续发展进行了评估。为了进一步考察奥运会这类大型赛事的综合影响作用机制，需要厘清大型赛事产生影响的具体作用路径与理论机制，确定促使大型体育赛事产生影响的因素。由于大型赛事的影响通常通过办赛区域内部变化表征，因此针对京津冀地区的社会、经济、环境三方面因素搭建指标体系，选择合适的研究方法，在冬奥会背景下对京津冀地区区域间相互影响以及京津冀地区内部社会、经济、环境之间的相互作用展开研究，明确冬奥会的效应。③评估北京冬奥会对京津冀协同发展的综合影响。为探究大型体育赛事与区域协同发展联动效应，得出冬奥对京津冀协同发展牵引效应的政策建议，需要全方位、多维度科学评估北京冬奥会对京津冀区域发展的影响。考虑到北京冬奥会对区域发展产生的赛事效应是动态递进的，本书将因冬奥会产生的效应划分为直接效应和间接效应，基于第9章的模型对市场资金、产业结构、城市可持续、

---

① "人—机—物—环"即人员、机器、物资和环境。

区域协同进行了分析讨论。④对冬奥遗产促进京津冀协同发展情况进行阐述。因为奥运会不仅能够在筹办期以及举办期间发挥自身影响力，对办赛区域产生影响，还可以在赛后以奥运遗产的形式继续帮助区域发展。考虑到北京冬奥会不同于往届奥运会只在单个区域举办，而是涉及京津冀三大区域，冬奥遗产对三大区域协同发展的影响值得探究。因此，在冬奥遗产方面，明晰了奥运遗产类别，深入到社会、经济以及环境三个方面，基于京津冀协同发展的视角对冬奥遗产的作用进行了探讨。

本书坚持以习近平新时代中国特色社会主义思想为指导，全面落实习近平生态文明思想。希望本书的出版，可以为未来大型活动碳中和工作提供实践指南，也能为京津冀地区协同发展提供冬奥牵引方案。

在本书的研究与撰写过程中，获得了国家重点研发计划项目（2021YFF0307004）、国家自然科学基金重点项目（71934004）以及国家社会科学基金重点项目（23AZD065）的支持，获评"北京理工大学管理学院优秀系列教材"，获得了北京理工大学管理学院优秀系列教材资金资助，获得了北京 2022 年冬奥会和冬残奥会组织委员会（以下简称北京冬奥组委）、中国 21 世纪议程管理中心的大力支持与指导，获得了北京理工大学能源与环境政策研究中心（Center for Energy & Environmental Policy Research，Beijing Institute of Technology，CEEP-BIT）团队老师和同学们不同形式的支持与帮助。由于作者水平有限，本书仍存在诸多不足，还请读者批评、指正！

目　　录

第一篇

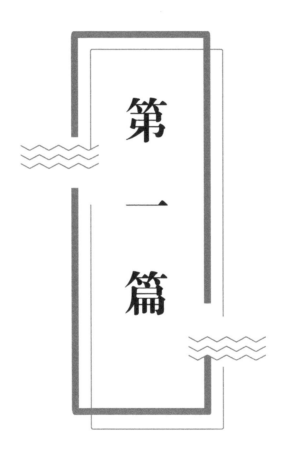

第一篇

第1章 北京冬奥会的特点

1980 年，中国奥林匹克委员会首次出席了在美国普莱西德湖举行的第十三届冬奥会，开启了中国参与冬奥会的序幕。35 年后，2015 年 7 月 31 日晚 17 时 57 分，国际奥委会主席巴赫宣布北京携手张家口获得 2022 年冬奥会举办权，续写了中国承办奥运会的情缘。这是我国举办的第一届冬奥会，也是我国举办的第二届奥运会。站在我国"两个一百年"奋斗目标的历史交汇点上，身处国际新冠疫情尚未得到全面控制的特殊时局中，此次我国再次承办的奥运会势必与包含 2008 年北京奥运会在内的历届奥运会有所不同，这也将对北京冬奥会碳中和目标的实现以及北京冬奥会牵引京津冀协同发展进程带来全新的挑战。这些特点集中展现在办赛地点、办赛时间和筹办工作中，本章将在介绍北京冬奥会基本情况的基础上对其特点进行详细阐述。

1.1 北京冬奥会概况

北京冬奥会，是第 24 届冬季奥林匹克运动会（XXIV Olympic Winter Games），是中国举办的第二届国际性奥林匹克赛事，由北京市与张家口市联合承办，于 2015 年 7 月 31 日获得举办权，2022 年 2 月 4 日正式开幕。北京冬奥会共设滑雪、滑冰、冰球、冰壶、雪车、雪橇和冬季两项等 7 个大项，15 个分项，109 个小项，在北京赛区、延庆赛区、张家口赛区等三个赛区同时进行。其中北京赛区承办所有的冰上项目和自由式滑雪大跳台项目，延庆赛区承办雪车、雪橇及高山滑雪项目，张家口赛区承办除雪车、雪橇、高山滑雪和自由式滑雪大跳台项目之外的所有雪上项目。

对于国际奥林匹克赛事而言，北京冬奥会开创了奥运历史新纪元。作为第一届从筹办至举办全程由国际奥委会《奥林匹克 2020 议程》改革方案指导的奥运会，北京冬奥会切实有效地在降低奥运会申办和运行成本、可持续发展、提高公信力和注重人文关怀等国际奥委会重点改革领域做出了实质性努力，并收获了可观的成效。国际奥委会主席巴赫在各种场合对北京冬奥会给出了极高的赞誉，他表示北京冬奥会前所未有，打破了很多历史纪录，并将改写冬奥会的部分历史。不仅如此，中国"带动三亿人参与冰雪运动"的目标已经提前实现，巴赫认为这不仅将让中国人收获更加健康的生活方式，更会为全球冰雪运动开启新时代。

对于我国而言，北京冬奥会是我国重要历史节点的重大标志性活动，是展现国家形象、促进国家发展、振奋民族精神的重要契机，是助推对外开放、推动构建人类命运共同体的重要舞台，是向世界传播中华优秀文化、推动东西方文明交融的重要载体，是推动京津冀协同发展的有力抓手。因此，北京冬奥组委紧紧围绕精彩、非凡、卓越的办赛目标，全面落实"绿色办奥、共享办奥、开放办奥、廉洁办奥"理念，高质量、高效率完成了各项筹办任务，为全国献上了"双奥之城"的精彩答卷。

1.2 北京冬奥会办赛地点特点

1.2.1 世界首个"双奥之城"尽显低碳底色

在奥运会的历史上，夏奥会和冬奥会形成了两个奥运城市群，现在这两个城市群在北京实现了交汇，这让北京成为世界上第一个既举办过夏奥会，又承办冬奥会的"双奥之城"。"双奥之城"正是低碳办奥的重要基础。

北京冬奥会在充分利用 2008 年北京奥运会丰富遗产的基础上进行了创新和发展。2022 年冬奥会北京赛区的 12 个场馆中有 11 个都是 2008 年北京奥运会的"遗产"。其中，国家体育场"鸟巢"被用作冬奥会开闭幕式场馆；国家游泳中心"水立方"完成水冰转换，在北京 2022 年冬奥会期间成为冰壶和轮椅冰壶比赛举办场馆"冰立方"，改造费用远远低于新建场馆或大规模改造的投入；五棵松体育馆启用建设之初预埋的制冰系统，将 1800 平方米的篮球场地改造成冰面，为 2022 年北京冬奥会女子冰球比赛提供场地；国家会议中心则继续作为主新闻中心（Main Press Center，MPC）和国际广播中心（International Broadcast Centre，IBC）使用。此外，北京赛区唯一一座新建竞赛场馆国家速滑馆，也选址于 2008 年奥运会曲棍球场和射箭场这两个临时场馆的原有场地上，不仅对土地实现再利用，而且可以充分使用遗留的市政交通、水电气热等设施，节省了大笔费用，与北京冬奥会可持续发展的精神相契合。2008 年北京冬奥会筹办期间铺就的绿色低碳公交网络，也在北京冬奥会中发挥了重要作用。又如，北京冬奥会对新首钢高端产业综合服务区进行重新规划与利用，使其成为北京冬奥组委首钢办公区以及首钢滑雪大跳台的选址地，被国际奥委会现任主席巴赫盛赞为践行可持续发展的重要示范。

1.2.2 京张联合办奥为京津冀协同发展注入新动能

与夏奥会偏爱繁华的大城市不同，冬奥会对城市气候要求极高，因此一些气候适宜冰雪运动的中小型城市可以从候选名单中脱颖而出，成为举办地首选。北京与张家口的携手，不仅可以同时发挥经济优势与气候优势呈现更加精彩的冬奥赛事，还可以通过两个城市共同办奥促进京津冀协同发展。

从历史经验得知，冬奥会可以为举办城市提升知名度、打造品牌、吸引投资提供良机。以冰雪产业为切入点,带动周边相关产业的整体发展,起到集中互动、以点带面的作用。在历史上,有许多小城市举办奥运会的例子,如美国普莱西德湖、斯阔谷,韩国平昌等,这些城市在举办冬奥会后成为著名冰雪旅游胜地。因此,北京冬奥会势必可以以冰雪产业作为切入口,拉动张家口地区的经济,促进京津冀一体化城市均衡发展。

1.3 北京冬奥会办赛时间特点

1.3.1 冬季办奥与夏季办奥大有不同

2008 年北京奥运会是夏奥会,在酷暑时节开幕;2022 年北京冬奥会是冬奥会,在春节期间的寒冬中进行。二者在竞赛项目上有着本质上的不同,其筹办工作内容、场馆建设关键技术以及举办成本也大相径庭。

一方面,竞赛项目截然不同。由于冬奥会和夏奥会举办的季节不同,比赛的项目也截然不同。2008 年北京奥运会设有包括田径、羽毛球、乒乓球、自行车、体操、举重、射击、马术、皮划艇等项目在内的 28 个大项共计 302 个小项,而北京冬奥会仅有滑雪、滑冰、冰球、冰壶、雪车、雪橇和冬季两项等 7 个大项共计 109 个小项的比赛。不仅是项目类型不同,冬奥会的项目数量也远远少于夏奥会的项目数量。冬奥会的赛事规模较小,但是项目特点鲜明。冬奥会项目与冰雪产业的联系紧密,举办冬奥会可以在冰雪产业单线上做到深化,优化冰雪产业布局,完善冰雪产业链条。

另一方面,举办成本相差甚远。举办冬奥会的成本远远小于夏奥会的举办成本。根据预算数据,2022 年北京冬奥会编制的预算规模为 15.6 亿美元,预算数额不及夏奥会平均花费的 1/10。夏奥会的比赛规模要大于冬奥会,导致相对冬奥会,夏奥会的关注度更高、商业价值也更高。奥林匹克营销遵循 "取之于奥运,用之于奥运" 的原则,主办方所获得的商业赞助越多,成本也越大。举办城市拥有良好的冰雪运动产业基础,能够在举办冬奥会的过程中有效降低城市举办冬奥会的成本。

1.3.2 疫情防控期间办奥带来诸多困难

2020 年初,新冠疫情在全球暴发,正值筹办关键期的北京冬奥会也受到了重大影响。北京冬奥组委积极应对,反应迅速,陆续发布《北京 2022 年冬奥会和冬残奥会防疫手册》《北京 2022 年冬奥会和冬残奥会 "冬奥通" 操作手册》等防疫相关工作要求文件,创新性地采取闭环防疫措施,确保北京冬奥会筹办工作如期有序进行,获得国际奥委会主席巴赫盛赞,"北京冬奥会是新冠疫情下举办的一次伟大的奥运会"①。国际残疾人奥林匹克委员会主席安德鲁·帕森斯也在发布会中表示,北京冬奥会赛事闭环管理防疫措施非常成功,让运动员们更多地在关注比赛是非常了不起的。即便如此,疫情仍旧不可避免地对办奥工作产生了巨大影响,带来了诸多困难。一方面是筹备工作难度增加,进展缓慢。2020 年初,突如其来的新冠疫情,对冬奥筹办工作产生了较大影响。新型制冰系统、压雪机、浇冰车等需境外进口的设备器材生产运输滞后,设备器材安装调试、场地认证等工作必需的外籍专家、技术人员难以如期来华,不仅使筹办工作进展缓慢,而且增加了额外的筹办成本。另一方面是观众参与冬奥的方式与往届大不相同。北京冬奥会由于疫情防控原因,采取闭环管理措施,线下观众来源也从以往的购票入场改换成了定向邀请,使诸多身处外国的观众无法现场观赛。与此相比,远程关注北京冬奥会的观众大幅增长。除了通过传统媒体实时转播,更多的观众通过自媒体、短视频、流媒体等新兴信息传播方式来关注北京冬奥会。2022 年 2 月 10 日奥林匹克转播服务公司(Olympic Broadcasting Services,OBS)表示,北京冬奥会开幕仅一周就已经成为迄今收视率最高的一届冬奥会。

1.4　北京冬奥会筹办工作特色

北京冬奥会全面践行《奥林匹克 2020 议程》和"新规范",作为第一届完全受益于此项改革的奥运会,成功打造了一届科技、智慧、绿色、节俭的精彩赛事,不仅满足了国际奥委会、参赛运动员和工作人员以及全球观众的期待,更展现了不同于 2008 年的新时代下中国的自信与风采。

1.4.1　科技前沿首次应用,成果铮铮佼佼

北京冬奥会不但承接了 2008 年北京奥运会后全球对中国再次承办一届精彩的顶级国际赛事的信心与期待,而且作为 2021 年 3 月国际奥委会《奥林匹克 2020+5 议程》通过后举办的第一届奥运会,肩负着奏响国际奥委会改革新篇章的重担。该议程在《奥林匹克 2020 议程》的基础上,增加了"加强与受众的数字化互动""鼓励虚拟运动的发展,并进一步与电子游戏社区互动"等新的改革建议,这些内容在聚焦可持续的基础上,强调了科技与奥运会的有机结合,对北京冬奥会提出了更高的要求。

北京冬奥会从筹办之初就十分重视与新兴前沿科技的结合及相关应用,"科技冬奥"更是成为北京冬奥会最响亮的代名词之一。5G 通信、云计算、大数据、无

---

① 《国际奥委会主席巴赫:这是疫情下的一次伟大奥运会》,https://www.beijing.gov.cn/ywdt/zwzt/dah/bxyw/202202/t20220219_2612941.html,2022 年 2 月 19 日。

人驾驶、低碳管理技术等在筹办与举办期间都利用得淋漓尽致，使运动员的训练更加安全和精准，协助裁判员完成更加公正合理的判决，辅助工作人员合理安排系统性工作，在场馆建设和物资调配等方面提供更多低碳高效的技术选择，同时还为线上线下的赛事观众提供了更加身临其境的观赛体验，甚至部分尖端技术还是首次在北京冬奥会精彩亮相。例如，5G+8K 技术成功应用于五棵松体育中心，巧妙结合云转播技术，实现对冰球比赛的 180 度自由视角观赛和沉浸式直播。又如，二氧化碳跨临界制冷系统在国家速滑馆的建设，是该技术世界首次布置于大道速滑馆中，可极大减少用电需求，成为低碳管理技术的典型成果。

1.4.2　智慧管理精准高效，覆盖密密层层

5G 通信、智能驾驶、人工智能等前沿科技，有力支撑了北京冬奥会为全世界运动员们提供智慧服务。北京冬奥会也是全球首次实施闭环管理模式的大型赛事，不论是场馆内办赛工作与配套服务的协调还是屏幕前全球观众的观赛体验，都需要"智能"为之护航。因此智能化的统筹管理也成为北京冬奥会应对前所未有的人员管控、物资调度以及观众服务挑战的必然要求。

北京冬奥会从筹办之初便将"智慧"一词贯彻于办奥工作之中。例如，崇礼智慧交通综合管控中心包含交通决策分析系统、停车诱导系统、停车信息服务系统、智慧交通出行及服务系统、智慧公交系统、道路设施应急保障系统等，为驾驶员和交管部门提供实时、高效的交通信息服务。又如，智慧能源管理系统被广泛布置于绿色供能项目与场馆中，通过精准的电力输送管理和场馆内电力分配等，最大限度减少能耗，降低赛事期间碳排放。配套服务上，张家口以冬奥核心区为重点，构建起一套立体化的森林草原防火智能监控系统，其具备火灾智能识别与超高清野外监测功能，可以对监控范围内 1 平方米的火情进行自动识别报警处理，误报率、漏报率均低于万分之一。

早在 2018 年国际奥委会前往北京冬奥组委首钢办公区考察时，北京冬奥会协调委员会主席小萨马兰奇就对北京冬奥会筹备工作充分肯定，并且以"一届充满智慧的冬奥会"对北京冬奥会进行评价。

1.4.3　绿色措施成效斐然，涉及方方面面

"绿色"一词含义深远，不仅仅是对赛事呈现特色的要求，更是"绿色、共享、开放、廉洁"四大办奥理念之首。而"绿色办奥"既是中华文明对奥林匹克精神的生动诠释，也是习近平生态文明思想在北京冬奥会的深入实践。对于奥林匹克运动而言，绿色办奥的理念萌生于对自身可持续发展的探索，更成为人类社

会对既往发展模式的自觉矫正。对于我国而言，身处百年未有之大变局中的北京冬奥会，在担当奥林匹克之舟新航标的同时也为世界留下一份书写着中国答案的"绿色样本"。北京冬奥会开幕前夕，习近平总书记在延庆赛区的国家高山滑雪中心考察调研时指出，要突出绿色办奥理念，把发展体育事业同促进生态文明建设结合起来，让体育设施同自然景观和谐相融，确保人们既能尽享冰雪运动的无穷魅力，又能尽览大自然的生态之美。①

　　"绿色办奥"在赛事筹办与举办过程中都得以生动体现。例如，冰面管理方面，北京赛区除首都体育馆花样滑冰训练馆因冰面未改造而沿用原有制冷系统外，其他 7 座场馆 9 块冰面均使用环保型制冷剂，不仅减少了传统制冷剂对臭氧层的破坏，制冷过程中产生的大量高品质余热也将被回收再利用，比传统方式效能提升 30%。又如，赛事供能方面，北京冬奥会成为奥运历史上第一届 100%使用绿色清洁电能的奥运会。建设世界首创的 500 千伏张北柔性直流电网，每年可向北京输送约 140 亿千瓦时绿色电力，供应北京市大约 1/10 的用电量，可直接满足北京、延庆两个赛区场馆用电的需求。此外，北京冬奥会节能与清洁能源车辆占全部赛时保障车辆的 84.9%，为历届冬奥会最高。开幕式的点火环节还以"微火"取代熊熊大火，充分体现了低碳环保。北京冬奥会期间，北京全市空气质量达到了有 $PM_{2.5}$ 监测以来的最好水平，有几天的 $PM_{2.5}$ 浓度甚至出现个位数，联合国环境规划署高度评价了北京市大气污染治理成效。北京冬奥会的绿色举措都可以说是绿色奥运的新起点。

1.4.4　节俭理念贯彻始终，融入点点滴滴

　　在"简约、安全、精彩"办赛要求指导下，节俭办奥工作重点集中在避免冬奥组委物资过度使用、整合非竞赛场馆功能并集约空间、保证服务水平的前提下提高整体运行效率三个方面，从而极大减少赛时各场馆的物资消耗、运行成本和能源使用，最大化发挥冬奥场馆和物资的效用。

　　北京冬奥会充分利用 2008 年北京奥运会遗产，善于借用城市公共服务设施，使"节俭"成为此次的办奥亮点。借助"双奥之城"的优势，北京冬奥会北京赛区 13 个竞赛和非竞赛场馆沿用了 2008 年北京奥运会留下的 11 个场馆遗产，其中国家体育场"鸟巢"，经过改造与升级后成为世界上唯一一座承办夏奥会和冬奥会开闭幕式的主场馆。张家口赛区的云顶滑雪公园，依托现有滑雪场设施建成，极大程度减少了永久性建筑建设。在节俭办赛目标的指引下，北京冬奥会和冬残奥会将主新闻中心和国际广播中心这两大重要的非竞赛场馆合并为主媒体中心（Main Media Centre，MMC），进一步集约空间，提高场馆运行效率和服务水平。

---

　　① 《习近平在北京河北考察并主持召开北京 2022 年冬奥会和冬残奥会筹办工作汇报会》，https://www.gov.cn/ xinwen/2021-01/20/content_5581375.htm[2024-04-18]。

第 2 章　历届奥运会低碳管理实践与评估

碳中和越来越多地受到国际体育赛事的青睐。国际奥林匹克委员会（以下简称国际奥组委）也积极采取相应的措施来抵消人为活动所产生的碳排放，大多是通过新建碳汇林、可再生能源项目等方式实现奥运会"零排放"。2006 年的都灵冬奥会是迄今为止首次实现全程"碳中和"的奥运盛事，都灵冬奥会进行了一项"都灵气候遗产"计划，通过碳汇林、节能减排和可再生能源计划使排放的 10 万吨二氧化碳排放得到抵消。从 2010 年温哥华冬奥会开始，各届夏季及冬季奥运会都将低碳管理作为奥运会组委会（以下简称奥组委）工作要点之一，从减少碳排放、寻求碳抵消以及其他创新措施等方面为实现更加绿色的奥运会不断尝试。本章将基于对 2010 年以来的夏季及冬季奥运会低碳实践工作开展深入系统的调研，从碳排放核算方法、低碳技术和碳中和实现路径三个方面，总结往届奥运会低碳办赛的启示，为后续大型赛事综合评估工作提供事实基础。

2.1　历届奥运会碳排放核算方法学

作为大型国际体育赛事，奥运会的碳排放核算方法学大多集中于自上而下的方法，通常采用《2006 年 IPCC 国家温室气体清单编制指南》、ISO（International Standards Organization，国际标准化组织）14064 系列标准、《商品和服务在生命周期内的温室气体排放评价规范》（PAS 2050：2008）及《碳中和证明规范》（PAS 2060：2010），主要覆盖《京都议定书》中的二氧化碳、甲烷和一氧化二氮等气体，重点分析二氧化碳排放源。虽然各届奥运会的碳排放核算方法学并不相同，尤其是在核算边界设定方面各届奥运会并未达成统一，但 2010 年温哥华冬奥会和 2018 年平昌冬奥会的碳排放核算方法学，却是公认的奥运会低碳管理工作标杆。

2010 年温哥华冬奥会是首个在 7 年筹办期间跟踪并报告直接碳排放、首次将往返奥运地区的航空旅行产生的间接排放纳入碳排放统计的奥运会，也是在官方报告中对碳排放核算方法学介绍得最详细的奥运会之一。2003 年适值温哥华冬奥会筹备之初，国际社会尚未具有关于大型体育赛事如何管理碳足迹的全球协议。为实现申办时的气候承诺，温哥华冬奥组委组织开发了一套目标具体明确的碳管理工具，就碳管理计划的目标、范围和方法与环保领域的非政府组织等奥运会利益相关者以及社区负责人进行协商，编制了以国际温室气体协议为框架的碳排放清单，制定了一套测量、预测、跟踪奥运会期间直接与间接碳排放的方法，提供了通过绿色效率和创新内核来计算碳减排量的参考性案例，并实现了各排放源的独立碳排放赛后核查。

但温哥华冬奥组委认为，与冬奥会相关的部分碳排放对环境的影响较小，而对其进行监测与核算的工作量较大、成本较高，因此在设定碳排放核算边界时不考虑由各级政府资助和管理的公共基础设施项目的碳排放，即不计算温哥华和惠斯勒之间的海天高速公路的升级工程，以及连接举办地与机场的轻轨快速交通系统的建设工程中的碳排放；不考虑由奥运会观众、赞助商和合作伙伴的活动产生的间接碳排放；不考虑制冷剂的瞬时排放。也正因此，即便温哥华冬奥会的低碳管理工作全面而先进，但其低碳成果仍在学界收到一些质疑之声。

2018 年平昌冬奥会是历届奥运会中较详细给出碳排放核算方法的一届。其碳排放核算方法的计算公式为：将新技术与传统技术的能效差、能耗量、二氧化碳排放当量系数相乘，求得各减排措施的估计减排量，并汇总得到总减排量。此外，平昌冬奥组委还开发了环境及温室气体信息系统（Environment and GHG Information System，EGIS），从温室气体与能源管理角度留下奥运遗产，一定程度上解决了温哥华冬奥会低碳管理中出现的"碳排放监测不全面"的问题。同时定期发布温室气体清单报告、温室气体管理报告、温室气体评估报告等三份包含碳排放核算结果的温室气体相关报告，分享温室气体量化经验，并供多方监督。

2.2 历届奥运会关键碳减排技术与评估

尽可能减少或避免温室气体排放，是努力从源头处减轻奥运会对全球气候的影响。但历届奥组委并没有因为害怕造成恶劣影响而减少或取消赛事活动，而是通过合理使用先进的碳减排技术，帮助奥运会在筹办与举办过程中减少化石能源使用，提升各环节能源使用效率，实现一定程度上的能量回收再利用，来大幅减少实际温室气体排放量，助力低碳目标实现。一般而言，历届奥运会往往会在低碳能源、低碳场馆、低碳交通、低碳行为等方面应用碳减排技术。

2.2.1 低碳能源技术因地制宜

实现低碳目标的最直接途径，便是减少化石能源的使用并大力推广清洁能源。从历届奥运会办赛经验来看，各届奥组委往往会结合地区的资源禀赋和技术发展特征来实现低碳能源技术应用。

水力发电资源及基础设施一直是加拿大强大的可再生能源王牌，因此 2010 年温哥华冬奥会依靠这一优势积极使用水电取代柴油发电机，同时收集和再利用制冰过程中的废热，最终实现了电力净零排放。巴西 75%的电力是由水力发电厂供给的，同时巴西拥有丰富的生物质资源，因此 2016 年里约热内卢奥运会一方面尽可能多地利用自身高比例可再生能源电力系统，另一方面创新性地使用桉树、甘蔗等生物质发电和蒸汽发电以取代化石能源燃料，实现低碳能源技术的充分利用。

风力发电是韩国的可再生能源系统的重要组成部分，因此 2018 年平昌冬奥会充分发挥其风力发电优势，冬奥相关风力发电设施总发电能力达到 203 兆瓦，高于所需的 194 兆瓦发电能力。平昌冬奥会还积极开发太阳能和地热设施，所获得的太阳能用于发电，地热能用于提供热水，可再生能源占每个场馆总能源消耗的12%，最终以风力发电辅以光伏发电和地热能供热等方式，实现能源使用方面的低碳目标。

不同类型可再生能源的组合供给是日本的技术强项，因此 2020 年东京奥运会在东京的 7 个场馆安装了新的混合类型可再生能源系统，实现所有竞赛场馆、新闻中心以及奥运村等场馆的 100%可再生能源供应。此外东京奥运会还在部分场馆安装了能源管理系统或中央能源监控器，通过需求控制保障稳定的电力供应，并实现低碳的能源使用。

2.2.2　低碳场馆技术推陈出新

低碳场馆技术通常是以提高能源使用效率、减少高碳排放材料使用等方式来减小整体温室气体排放，主要分为低碳制冰造雪技术、低碳供暖技术、低碳场馆能源回收再利用技术、低碳照明技术、低碳建造技术等。各个奥组委对此类技术的应用随着低碳建筑及低碳制造技术的不断升级，而推陈出新、突破极限。

在场馆的能源供给和管理体系方面，2010 年温哥华冬奥会下足功夫，率先大范围多方面使用资源再利用系统。一是在大部分场馆屋顶安装雨水收集系统，将收集到的大部分雨水作为厕所冲洗用水的补充，其余用来灌溉场馆周围的树木和景观；二是采用节能制雪制冰系统，并对制冰过程余热加以回收，用于家庭用水以及加热系统中。温哥华冬奥会还在场馆建设过程中应用领先的能源和环境设计绿色建筑标准，其 11 座新建场馆中有 10 座通过了美国 LEED（Leadership in Energy and Environmental Design，能源与环境设计先锋）绿色建筑评级体系独立认证，使用低碳排放的室内建筑材料和家具，采用自然通风系统，并选取绝热材料为场馆冰面保温，大大降低了建筑建造及建筑运营能耗。这一系列举措得到了 2014 年索契冬奥组委的认同与模仿，但后者因为不尽如人意的项目管理而使低碳建筑技术的使用范围与降碳成效大打折扣。

建筑与环境共生的建筑设计方式，则是在 2018 年平昌冬奥会得到着重尝试。韩国因地制宜采取不同建造模式，并结合相适应的节能设备，使奥运会场馆节能水平再上一台阶。其中阿尔卑西亚滑行中心位于平昌山脉场馆群，依据地形选取自然采光、LED（light emitting diode，发光二极管）轨道与混合安全照明相结合的方式提供照明，铺设太阳能和地热设施为场馆供能，此外还采用节水功能设备、绿色屋顶等尖端节能技术与设备，使整体建筑更为低碳环保。平昌冬奥会的江陵冰上运动场位于江陵海岸场馆群，因此根据海岸环境特点采用了被动式建筑设计，采取了包括利用太阳能供能、铺设高效保温层、使用密封门窗、采用水循环系统等措施，不依赖主动能源供应系统，采用自然加热、循环和保温，通过控制热流，最大限度地减少能源损失，实现能源需求最小化和能源损失最小化。除此之外还采用了具备自动控制、节水与备用断电功能的主动系统，在原有的节能建筑基础上提高了能源管理水平，使整体建筑运营阶段更为节能和高效。与温哥华冬奥会类似，平昌冬奥会的 6 个新建场馆也均获得韩国相关部门颁发的绿色建筑认证，标志着场馆从设计到施工到维护的整个生命周期内能耗更低、污染更少，其中 5 个场馆获得韩国相关部门颁发的建筑能效认证，标志着场馆可实现高效能源管理。

低碳建材选择是 2020 年东京奥运会低碳建筑工作重点。东京奥运会广泛使用木拱和钢索的木梁结构代替纯钢屋顶，使屋顶总重量减少了约一半，还减少了钢材的使用，降低了碳排放强度，同时还推广使用可回收的碎石和其他环保建筑材料，从原料层面减少对环境和气候的影响。

然而，新技术的使用往往是一把双刃剑，2012 年伦敦奥运会就是一个鲜明的例子。伦敦奥组委尝试通过模块化转移旧场馆建筑结构的方式来减少新建场馆采用新建材而产生的碳排放问题，却忽略了运输旧场馆组件过程中交通部门额外产生的大量碳排放，导致整体场馆建设和改造相关碳排放量不降反升，整体奥运会低碳管理成果被质疑。

2.2.3 低碳交通技术逐届迭代

不论各届奥组委如何设定交通运输相关碳排放核算边界，该部分碳排放的贡献量都是不能小觑的。因此，历届奥运会都在办赛过程中加大力度推广清洁能源车辆的使用，从根源上减少奥运会交通部门的碳排放量。

低碳交通技术往往是从交通政策、交通建议和车队结构三方面入手。以 2010 年温哥华冬奥会为例，一是发布可持续交通指南、"车辆零空转"节能政策、开发智能驾驶程序的倡议、加强车辆维护与路线规划的倡议等，提高车辆使用过程中的能源效率；二是鼓励采用高载客量的公共交通出行，推荐使用包括公交、拼车、自行车、步行和远程工作在内的可持续的交通及工作方式，减少奥运会期间的交通排放；三是将奥运会车队中 30% 的车辆安排为混合动力汽车与配有主动燃料管理系统的具有低碳排放特性的车辆，同时还为奥组委工作人员提供 8 辆氢燃料电池汽车供出行使用，一定程度上减少了交通部门的化石能源使用。

奥运会用车所使用能源的清洁化程度是低碳交通技术关注重点。从 2010 年温哥华冬奥会发展到 2016 年里约热内卢奥运会，车队的能源清洁程度大幅提高，交通相关的碳排放量占比得以降低。可再生能源替代化石燃料是里约热内卢奥运会可持续交通计划的重中之重，该届奥运会 80%的轻型车辆使用乙醇作为燃料，单单这项举措便减少了约 1400 吨二氧化碳排放量；同时，公交车以含有 20%生物柴油的混合燃料驱动车辆，进一步提高了交通部门的低碳水平。2020 年东京奥运会在往届的基础上，进一步地减少了化石燃料在奥运服务乘用车中的使用。东京奥运会在日本氢能经济加快发展的大背景下，大比例地使用了氢燃料电池汽车、纯电动汽车和插电式混合动力车作为奥运会交通运输主力，前两者在行驶过程中可以实现二氧化碳净零排放，在帮助东京奥运会向碳减排目标靠近的同时推进了日本的氢能体系发展。

部分届别的奥运会在公共交通方面另辟蹊径。2018 年平昌冬奥会建设了连接仁川国际机场和平昌、江陵的绿色交通系统——原州—江陵高速铁路，同时还在关键交通枢纽建设换乘中心。以 42 万名游客使用原州至江陵的高速铁路代替个人车辆估算，此举为平昌冬奥会减少约 6654 吨的温室气体排放。该届奥运会的车队结构也随着全球车辆电气化进程的推进而更加清洁绿色，采用了 150 辆电动汽车和 15 辆氢燃料汽车为奥运会提供交通运输服务，建设了 24 个电动汽车充电站等基础设施，并规定赛事工作人员在平昌冬奥会期间全部使用电动汽车和氢动力汽车，使奥运会的交通部门低碳水平更上一层楼。

2.2.4　低碳行为技术届届传承

在奥运会筹办举办全程中，工作人员办公、观众观赛和奥运相关的人员流动等人员行为都会产生碳排放。因此，低碳行为也是历届奥组委低碳管理工作关注的重点事项。长期以来，为了降低奥运和残奥办赛的复杂性，国际奥委会、国际残疾人奥林匹克委员会高度重视和举办国奥组委在办赛知识经验传承上加强合作。历届奥组委也都将自身在低碳办公方面的特色经验和创新性成果传递给未来的奥组委，尤其是在奥组委办公耗材管理、绿色采购和废弃物管理方面。观众的低碳行为往往是通过宣传和参与方式的创新来促进的。

节能减碳知识宣传是 2010 年温哥华冬奥会促进低碳观赛的主要方式。温哥华冬奥组委发起了"尽你的一份力量"（Do Your Part）全国青年可持续发展视频竞赛，帮助青年群体了解低碳观赛做法；在奥运会期间，官方发布了一段碳减排宣传视频，并在体育场馆和运动员村的大屏幕上滚动播放，以提高奥运会参与者对减少和抵消碳排放的益处的认知，鼓励参赛运动员、工作人员以及观赛观众等通过改变自身生活习惯来自觉减少、抵消自己的碳足迹。

低碳宣传和绿色采购也是历届奥运会经常打出的组合拳。2018 年平昌冬奥组委积极采纳温哥华冬奥会的先进经验，制作并向 300 多所小学发放了约 2 万张传单，编写并分发有关环境保护和冬奥会的教材，详细介绍了平昌冬奥组委为举办一届生态友好型奥运会所做的努力；要求自身及赞助商从赛事筹备到奥运闭幕期间所有阶段均实行绿色采购制度，优先采购绿色物资；同时，平昌冬奥组委优先选择通过 ISO 14000 认证的绿色产品与绿色公司赞助；通过建立回收体系并提高回收率、回收食物垃圾、回收建筑覆盖材料等方式实现废弃物最少化管理。

回收再利用等低碳行为的推广被 2020 年东京奥运会推向了最高潮。东京奥组委使用了含有大量回收聚酯和植物基的材料制作工作人员制服，减少服装制造过程中石油的消耗；回收了大量为当地地震应急所建造的预制房屋单元，提炼出的回收金属铝用于制造东京奥运会的火炬，其在火炬原材料中的占比高达 30%；向市民广泛征集了废弃的塑料容器，在群众的共同努力下，制作了奥运会期间用于颁奖仪式的领奖台。

2.3　历届奥运会碳抵消措施与评估

奥运会低碳管理的目标始终是避免或减少大赛相关温室气体排放，减轻对全球气候的影响，但当碳减排技术已经在当前技术水平下达到了最高效的利用时，部分温室气体排放仍然无法避免。此时奥组委可以通过植树造林、支持发展中地区的高质量清洁能源项目等方式对已经或即将造成的温室气体排放产生的影响进行抵消，消减该赛事对全球气候的影响，又称"碳抵消"。

碳配额赞助是奥运会低碳管理中最为常见的碳抵消方式。2010 年温哥华奥运会首次通过碳配额赞助抵消了 11.8 万吨直接碳排放。碳配额是企业在一定时间内被允许排放二氧化碳的上限；产生的温室气体少于政府分配配额的公司和组织，可以出售其剩余的 CER（certification emission reduction，核证减排量）；同样，那些排放量超过配额的也可以相应地购买这些 CER。企业对温哥华冬奥会的碳配额赞助，即是将企业的 CER 赠予温哥华冬奥组委；企业自身通过冬奥会的激励，主动减少二氧化碳排放量，对全球应对气候变化做出贡献。2018 年平昌冬奥会在通过碳配额赞助实现碳抵消的基础上，还创新性地建立碳抵消基金获得了 CER，并利用其抵消冬奥会碳排放。

林业碳汇也是奥运会低碳管理中主要的碳抵消方式之一。索契冬奥组委按照补偿种植协议，2010 年起在索契市内种植了 1220 棵树木和 5471 棵灌木。但这些植被的种植只是杯水车薪，仅仅弥补了一部分处理场馆建设用地时造成的森林砍伐问题，并没有对奥运会期间造成的其他碳排放进行抵消。2018 年平昌冬奥会不仅完成了植被保护，通过原址保护和保护性移植的方法保护了场馆周边的 1300

余棵珍稀树木，还在平昌大关岭地区种植了 500 株紫杉组成奥运英雄林。

2.4　典型奥运会低碳目标实现路径

历届奥运会在低碳管理工作上不断积累着经验和教训，低碳目标的实现路径也越来越丰富而清晰。总体来看，先进的低碳目标实现路径往往是依据自身优势、低碳标准与方法明确、碳减排与碳抵消并重、重视制度与技术创新、奥组委政府企业民众多方参与的。2010 年以来的夏季及冬季奥运会中，同时将上述几点付诸实践的 2010 年温哥华冬奥会和 2018 年平昌冬奥会，也正是公认的历届奥运会中低碳管理较为成功的两届，它们的低碳目标实现路径值得大型赛事及大型活动低碳管理工作组委会借鉴。

2010 年温哥华冬奥会低碳目标的实现路径：一是明确低碳管理方法与低碳标准，筹备之初便开发了一套明确的碳管理工具，参照国际温室气体协议制定了科学的碳核算方法体系，并以 LEED 绿色建筑评级体系等作为低碳工作成果检验标准；二是根据自身水电资源优势搭建了从能源到建筑交通等各领域协调一体的碳减排方案库，综合利用前沿节能技术，提高整体能源效率，降低各环节碳排放强度；三是在民众和奥运参与者群体中广泛宣传碳减排知识，从社会层面扩大冬奥会对气候问题改善的正面影响；四是尝试通过碳配额赞助抵消不可避免的直接碳排放，并取得显著成果。2010 年温哥华冬奥会减少了至少 15%的温室气体排放，并成功实现了 11.8 万吨直接碳排放的碳抵消，为后续奥运会提供了优秀的低碳管理工作范本。

2018 年平昌冬奥会低碳目标的实现路径，帮助平昌冬奥会成为继温哥华冬奥会之后另一届良好实现低碳管理的奥运会：一是在明确碳排放管理体系的基础上开发了温室气体监测系统，并定期跟踪发布了温室气体管理报告，在本国低碳标准体系基础上建立了该届冬奥会的低碳管理标准库并通过公开报告的方式将标准落到实处；二是借助冬奥会契机扩大自身风电体系优势，并加强了太阳能与地热设施建设，对能源供给实现开源节流，对能源利用进行量入为出，从政策和设备体系建设等方面实现能源、建筑、交通方面节能降碳高度协同，大幅提升整体低碳水平并实现碳减排；三是在加强民众降碳意识的同时提高冬奥组委绿色物资比例和资源回收利用率，拉动多方参与到冬奥会低碳贡献中来；四是通过公众捐赠、植树造林进行碳抵消，并创新性地建立碳抵消基金获得二氧化碳 CER，实现举办期间二氧化碳排放量净零排放，再一次用事实证明了奥运会低碳管理工作的必要性。

第3章 北京冬奥会碳中和方案 及"测算控谋"技术体系

北京冬奥组委承诺北京冬奥会和冬残奥会将实现碳排放全部中和，并以《北京 2022 年冬奥会和冬残奥会低碳管理工作方案》为纲领指导北京冬奥会低碳实践。绿色低碳的北京冬奥会全面展现了中国践行"绿色办奥"和可持续性理念的成果，得到国际社会的充分肯定。本章详细阐述了北京冬奥会碳中和的总体目标及责任主体，通过对"测算控谋"技术体系的介绍，就如何科学、系统地展现北京冬奥会碳中和成果这一问题给出了具体答案。

3.1 北京冬奥会碳中和总体目标及责任主体

3.1.1 总体目标：方向明确，方案清晰

为履行好《主办城市合同》和申办承诺，实现低碳管理目标，推进生态文明建设，在应对气候变化领域起到创新示范作用，2019 年 6 月 23 日国际奥林匹克日《北京 2022 年冬奥会和冬残奥会低碳管理工作方案》正式对外发布。该文件作为北京冬奥会低碳管理工作的纲领性文件，要求北京冬奥会筹办期间全面落实习近平生态文明思想和"绿色、共享、开放、廉洁"的办奥理念，将可持续性贯彻到北京 2022 年冬奥会和冬残奥会筹办、举办和赛后利用全过程，采取积极措施，有效控制温室气体排放；强化低碳技术创新，推动低碳技术应用示范；加强制度创新，推动实现碳中和；发动社会公众参与，提升公众低碳意识；积极开展应对气候变化国际合作，努力使北京冬奥会成为中国展现全球生态文明建设参与者、贡献者、引领者的重要平台和窗口。

北京冬奥会积极借鉴历届奥运会的低碳管理工作经验，采取了先进而又符合自身特点的碳减排和碳中和措施，设立基准线评估奥运活动碳足迹，涵盖所有直接排放和间接排放；考虑通过自身行动减排，采用各种节能与避免排放措施减少奥运活动碳排放；对无法减排的排放量，通过赞助企业赞助核证自愿减排量、主办城市捐赠林业碳汇量予以补偿，实现北京冬奥会碳管理总体目标——所产生的碳排放量将全部中和。《北京 2022 年冬奥会和冬残奥会低碳管理工作方案》将北京冬奥会碳减排和碳中和措施归纳为四大部分。①低碳能源：建设低碳能源示范项目，建立适用于北京冬奥会的跨区域绿电交易机制，综合实现 100% 可再生能源

满足场馆常规电力消费需求。②低碳场馆：建设总建筑面积不少于 3000 平方米的超低能耗等低碳示范工程，新建永久场馆全部满足绿色建筑等级要求。③低碳交通：赛事举办期间，赛区内交通服务基本实现清洁能源车辆（不含专用车辆）保障。④低碳标准：推动林业固碳工程；建立北京冬奥会低碳管理核算标准，创造冬奥遗产。

3.1.2　碳中和责任主体：系统庞大，分工细致

低碳管理工作是个庞大的系统性工程，需要将碳中和目标细致分类分工，并且做到责任到人。2022 年 1 月 28 日，北京冬奥组委在开幕仪式前夕发布了《北京冬奥会低碳管理报告（赛前）》，详细介绍了包含责任主体在内的北京冬奥会低碳管理工作细则。据《北京冬奥会低碳管理报告（赛前）》介绍，北京冬奥组委 2017 年即成立可持续性工作领导小组，北京冬奥组委专职副主席兼秘书长韩子荣任组长，各部（中心）主要负责人为小组成员。在总体策划部设立可持续发展处，专门负责可持续性各项工作的策划、组织协调，统筹北京冬奥组委各部门及北京市和河北省政府相关部门、场馆业主等的可持续性工作，推进各项可持续性措施落实。

可持续性工作领导小组为北京冬奥会低碳管理工作的统筹机构，进行可持续性重大事项审议、审议可持续性工作文件报告、为可持续性管理体系有效实施提供保障、完成跨部门可持续性工作的协调与沟通等领导性工作。

总体策划部可持续发展处隶属于北京冬奥组委，主要负责组织建立并推进可持续性管理体系运行；制定并组织实施北京冬奥会可持续性战略和计划；制定并组织实施相关可持续性工作文件，包括场馆和基础设施规划设计、建设和运行阶段的可持续性指南、可持续采购系列规范、低碳管理工作方案、碳中和工作实施方案以及可持续性宣传计划、可持续性培训计划等；制定监督监控机制，建立监督流程，确保可持续性要求的落实；组织开展北京冬奥会场馆可持续性措施落实情况的评估工作；组建可持续性咨询和建议委员会，组织相关活动并听取其建议；组织北京冬奥组委、供应商等合作伙伴开展可持续性主题培训和宣传活动，提高工作人员可持续性意识和能力；搭建可持续性新媒体沟通互动平台，讲好可持续性故事，提高公众对可持续性的认识。

北京冬奥会可持续性咨询和建议委员会成员由来自联合国环境规划署、中国高等院校、学术研究机构以及相关政府部门的 26 位资深专家组成，覆盖可持续性管理体系、绿色建筑、生态环境保护、大气环境管理、冬季运动管理、碳管理、可持续采购等领域。该委员会通过会议研讨、现场调研、议题研究及工作报告等形式，为北京冬奥会可持续性工作提供战略建议、协助研究重大问题，并参与可持续性工作监督。

北京市与张家口市政府负责推进可持续性承诺，监督指导场馆业主单位可持续性工作；场馆业主单位任命场馆可持续性负责人，成立专班、聘请顾问，向所在城市市政府落实汇报可持续性工作情况。

3.2　北京冬奥会碳排放"测算控谋"技术体系

北京冬奥会低碳管理工作目标明确、方案细致，但北京冬奥会碳中和的实现是一个庞大的系统性工程，在实际操作过程中面临着诸多实际困难。一是碳排放源涉及多空间域和多活动体，碳排放基础数据难以全面采集、获取数据后难以多元融合。二是碳排放责任主体多元、体系繁杂，缺乏标准化程度高、可追溯性强的细致核算方法。三是碳排放量变化无序、碳排放源在多维度零散分布，碳排放管控措施之间的联动性差、感官性弱。四是碳中和方案涉及冬奥会筹备、举办和赛后的全周期、多阶段，方案内举措难以实现跨期优化和跨阶协同。

为有效解决上述难题，助力北京冬奥会碳中和目标成功实现，由北京理工大学牵头，联合国家速滑馆、清华大学等 8 家单位的国家重点研发计划"科技冬奥"专项"低碳冬奥监测与碳中和调控关键技术及示范应用"项目团队自主设计开发了碳排放"测算控谋"技术体系，实现碳排放相关数据的监测与采集（测）、赛事碳排放的核算和评估（算）、碳排放管控与智能交互（控）、碳中和方案设计及衍生效应研究（谋），助力北京冬奥会实现碳中和目标。本书将依次通过对北京冬奥会碳排放监测与采集技术、碳排放核算方法、碳减排技术与碳排放管控、碳抵消措施与碳中和衍生效应等四方面内容，系统性展示"测算控谋"技术体系内容及相关冬奥碳中和成果。北京冬奥会碳排放"测算控谋"技术体系整体结构，如图 3-1 所示。

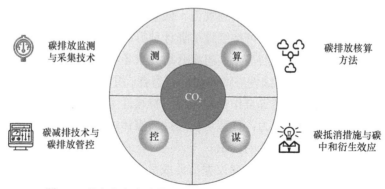

图 3-1　北京冬奥会碳排放"测算控谋"技术体系整体结构

3.3　测：北京冬奥会碳排放监测与采集技术

以 2010 年温哥华冬奥会为代表的多届奥运会，因部分数据不易测得或监测成本高而缺乏碳排放基础数据，导致部分因观众、工作人员和制冷剂等因素产生的碳排放量被直接忽略或仅凭粗略估算得到，这使奥运会低碳管理成果受到质疑。因此北京冬奥会十分重视碳排放基础数据获取与融合，利用"测算控谋"体系中的"测"这一模块，实现碳排放相关基础数据的监测、采集、质量控制与多元融合。

3.3.1 覆盖"人—机—物—环"基础数据的监测

一般而言，冬奥会相关的人员、机器、物资和环境等都会在活动、制造或使用中排放温室气体，并对核算边界内的碳排放量产生影响，因此北京冬奥会的基础数据主要集中在"人—机—物—环"四个方面。

1. 人：人员流量监测，闭环内外分别统计

针对冬奥场馆人流量大、工作种类繁多等问题，在冬奥场馆布置空间站位传感器以感知空间区域，对闭环内外各区域的人流量密度进行采集，从而对冬奥相关交通活动、配套服务、志愿工作、竞赛活动、演职人员等闭环管理人员与受邀观众、部分志愿者等非闭环管理人员的流量数据进行统计。

2. 机：机器用能采集，包含电、热、水等方面

对冬奥场馆各区域与各功能的实时电力消耗量、各时段的热力消耗量以及全馆的水资源消耗量进行采集，统计单一场馆新增用能与累积用能数据并对各场馆数据进行汇总。特别地，还对碳减排技术相关设备的用能数据进行重点采集，如对冰立方 R449A 制冰技术和国家速滑馆二氧化碳制冰技术相关设备的用能数据进行额外采集，以便后续对关键碳减排技术贡献进行评估。此外，还对冬奥相关交通运输、配套服务等用能情况进行统计。

3. 物：物资数据监测，涉及前中后全流程

对场馆建设期间的非能源类建筑材料实际用量进行全程监测与统计，包含水泥、钢筋、沙土、沥青、混凝土与再生混凝土、木材、片石、碎石、涂料、粉煤灰和矿粉、砌块及再生砌块、建筑砂浆、玻璃、其他钢制品等主要建筑物资。同时，还对冬奥相关办公用品、纪念品等物资数据进行了统计。

4. 环：环境数据采集，采用多种设备测量

针对冬奥赛事项目多元、流程复杂，综合采集 GOSAT、OCO-2 等卫星红外高光谱数据和车载 FTIR（Fourier transform infrared spectrometer，傅里叶变换红外光谱仪）等设备对空遥感测量数据，实现冬奥场馆区域温度、湿度、温室气体排放等基础数据的立体化、网格化及智能化采集。

3.3.2 多元数据智能融合方法，突破数据异构瓶颈

北京冬奥会天空地一体化碳排放数据不仅具有传统多源异构的特点，还具有尺度差异巨大的特点，天基卫星在大尺度上对赛事场馆所在区域的碳排放进行监测，空基和地基温室气体传感器网络在小尺度上对赛事场馆内外部的碳排放进行监测，便携式地基 FTIR 在中等尺度上对赛事场馆周围环境碳排放进行监测。针对尺度差异巨大的天空地一体化多源异构数据，提出了基于机器学习的多源数据交叉验证以及基于分布式网络的多源异构数据智能融合算法研究和模型构建，主要分为数据收集与组织、异常监测与质量控制、数据融合与挖掘等三大技术模块。

1. 数据收集与组织

进行存储数据筛选，对天空地一体化采集获得的多源异构数据和碳排放相关的场馆运行数据完成统一结构设计和规范，确立数据表并保证海量数据的高效存取。

2. 异常监测与质量控制

基于机器学习模型对数据进行异常监测，利用统计学习方法对不同数据源的采集数据进行综合评定，并采用多源异构数据交叉验证的方式对数据进行校准修正，完成碳排放智能监测数据的质量控制，解决众多来源数据质量差异较大的问题。

3. 数据融合与挖掘

对不同尺度的数据进行整合，采用多种度量与多准则决策算法将碎片化的碳排放数据联系起来，形成表层知识，使各来源数据中的隐性规律显性化。

3.4 算：北京冬奥会碳排放核算方法

历届奥运会低碳管理工作普遍具有参与方多、行为信息难以监测、公共碳排放缺乏分摊依据等难题，如果没有有效的手段将赛事活动总体碳排放具体追踪到每个行为主体，就难以厘清各参与方的碳排放数据，无法有效地分配和落实减排责任。因此，根据场馆采集的活动水平历史数据，识别了"人—机—物"活动水平与碳排放之间的传导机制，打破了数据限制，明确了全生命周期碳足迹追踪技术和智能算法，厘清了场馆碳排放特征；构建了冬奥会碳排放的核算方法与核算评估体系，解决了核算方法与体系尚不完善等问题，使低碳措施的减排贡献核算更具精准性。

本书从"人一机一物"三个方面界定了冬奥赛事活动的排放源（图 3-2），涉及交通出行、建筑运行、废弃物等多个方面。所有场馆日度新增排放主要来源于场馆建筑部门建筑运行阶段各类能源消耗，包括电力、热力等消耗产生的碳排放。考虑到竞赛场馆和训练场馆在赛前和赛时的制冰造雪活动需求，制冷剂逸散、压雪车油品消耗碳排放、制冰造雪设备材料生命周期碳排放和造雪用自来水全生命周期碳排放也被纳入到界定的冬奥赛事活动碳排放源中。

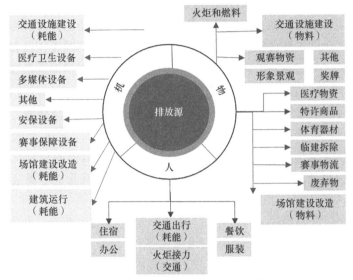

图 3-2　本书界定的冬奥赛事活动碳排放源

3.5　控：北京冬奥会碳减排技术与碳排放管控

2019 年 6 月 23 日国际奥林匹克日，《北京 2022 年冬奥会和冬残奥会低碳管理工作方案》正式对外发布，在低碳管控的基础上，提出了推动低碳能源技术示范项目、加强低碳场馆建设管理、建设低碳交通体系、北京冬奥组委率先行动 4 个方面的 18 项措施，以尽可能降低北京冬奥会所产生的碳排放。

北京冬奥组委严格按照《北京 2022 年冬奥会和冬残奥会低碳管理工作方案》开展工作，成功实现碳排放降低与合理管控，获得国际奥委会及全球各界的普遍认可。国际奥委会品牌和可持续发展总监玛丽·萨鲁瓦表示，"北京 2022 年冬奥会在筹办和赛事运行中都强调可持续发展、实现碳中和，最大程度利用了北京 2008 年的奥运遗产，对很多场馆进行了再度使用和重新改建，而且都达到很高标准"[①]。

其中，低碳管控作为碳减排统筹措施，利用汇集低碳能源、低碳建筑、低碳

---

① 《北京冬奥会低碳环保措施具有里程碑式意义》，https://m.gmw.cn/baijia/2022-02/10/1302797747.html[2024-04-26]。

交通、低碳行动等措施，完成了对不同措施组合的减排效果评估及统一调配管理，形成了碳减排方案库，经过对实时数据的反馈与分析，为工作人员实现动态低碳管理提供了依据。

3.5.1　低碳管控：赛事碳排放智能管控云平台"冬奥碳测"

针对碳排放源头零散、变化无序、感官性弱的特点以及赛事碳排放变化无序和主办方碳排放管控难度大的问题，构建了大型赛事碳排放核算体系与低碳评估方法，搭建了北京冬奥会碳排放管控方案库，科学量化不同类别及每项碳管控措施的减排效果，为北京冬奥会低碳管理工作相关负责人提供动态低碳管控方案参考。为了更好地展示北京冬奥会碳排放管控方案库的数据基础以及优化管控建议，建立了冬奥会全景式碳排放智能管控与碳普惠云平台——冬奥碳测。

该平台具有碳排放监测、碳排放预测、碳排放管控、提供碳普惠平台等功能，应用于国家速滑馆、国家游泳中心，可在碳排放数据的可视化与可交互、碳排放动态模拟预测和碳排放管控方案设计三方面实现北京冬奥会全景式碳排放智能管控。

一是实现碳排放数据的可视化与可交互。通过虚拟仿真和三维建模，建立场馆碳排放数据可视化模型，识别场馆内碳排放源，并对排放源进行标识注册，结合计算机视觉识别技术和硬件设备，从而实现碳排放监测数据、碳排放预测数据的可视化与可交互。

二是实现碳排放动态模拟预测。基于赛事期间各项活动的直接与间接碳排放数据，对点、线、面类型碳排放数据进行层次和数据结构一体化定制处理，构建全景式碳排放数据库；通过集成赛区活动强度和运行状态等非结构化信息，识别不同源碳排放在时空维度的变化规律，分析其驱动因素；对赛事活动及参与方的碳排放进行动态模拟，研究多种情景下的碳排放变化情况并进行预测预报。

三是完成碳排放管控方案设计。首先，依据对赛事多阶段碳排放水平动态评估结果，针对赛事活动相关的主要碳排放源，研究碳排放管控技术；其次，研究各场景下碳排放管控方案，评估各管控手段的减排效果，在各阶段中为主办方提前部署相关碳调控措施提供依据，综合优化赛区碳排放相关主体跨期跨区调度和运行；最后，搭建碳排放智能管控与碳普惠云平台，接入各子课题研究成果，以实现碳排放数据动态展示、碳排放模拟预测、碳排放数据交互、提供碳排放管控方案和碳普惠等功能。

该平台将管控方案库嵌入碳管控模块的同时，接入了项目自主研发的碳普惠小程序，鼓励观众参与互动，采用低碳生活方式。该平台将冬奥碳排放相关的"人—机—物—环"数据监测和碳排放核算、评估及管控功能集于一体，科学量化了各项技术的减排贡献，让北京冬奥碳减排行动评估有据可依、有数可查、有物为证。

3.5.2　低碳能源：首次实现所有场馆100%可再生能源电力供应

北京冬奥会能源供给体系充分发掘张家口坝上地区丰富的风能、太阳能资源，利用风电、光伏、储能等多种能源形式之间的互补性，依托张家口市张北可再生能源柔性直流电网试验示范工程与承德丰宁抽水蓄能电站的调峰能力进行平抑，克服可再生能源发电间歇性与不稳定性等问题，将张家口地区丰富的可再生能源安全高效地输送至北京，满足北京和张家口地区冬奥场馆用电需求。

同时，北京冬奥会还积极推动建立跨区域绿色电力交易机制，搭建绿电交易平台，采用市场化直购绿电方式，由张家口市的光伏发电和风力发电满足北京、延庆和张家口赛区所有场馆的照明、运行等常规用电需求。北京冬奥会成为人类百年奥运历史上首次实现所有场馆赛时常规电力需求 100%由可再生能源供应的奥运盛会。

3.5.3　低碳场馆：全部通过绿色建筑评级认证

北京冬奥会场馆建设突出了"科技、智慧、绿色、节俭"四大特色，积极打造低碳场馆，建设超低能耗示范工程，推动场馆低碳节能改造，加强场馆运行能耗和碳排放管理，努力实现所有场馆达到低碳节能标准。其中，国家速滑馆、主媒体中心、五棵松冰上运动中心、北京冬奥村、延庆冬奥村及张家口冬奥村新建6个室内场馆全部通过绿色建筑三星级标准认证，7个雪上场馆全部获得绿色雪上运动场馆三星级认证，国家游泳中心、国家体育馆、首都体育馆场馆群 3 个改造场馆获得绿色建筑二星级标准认证[1]。

具体地，北京冬奥会各场馆结合自身使用功能，从用能、结构、内部布置、空间规划等多角度和设计、材料选用、施工、运营等各阶段，综合打造低碳场馆。

1. 设计被动式超低能耗建筑

北京冬奥会场馆广泛采用被动式建筑设计技术，极大限度地提高了建筑隔热保温性能和气密性，使建筑的采暖和制冷需求降到最低，仅五棵松冰上运动中心一处场馆便可在运行阶段年减排二氧化碳 2927 吨[2]。

2. 搭建可再生能源利用与回收再利用体系

北京冬奥会场馆因地制宜，利用太阳能光伏等可再生能源，布置热能回收系统、光导管等节能系统，减少用电量的同时实现场馆内光能与热能回收再利用，仅国家雪车雪橇中心一处场馆的废热再利用系统便可满足整个延庆赛区约 10 000 平方米的室内采暖需求，约合年减排二氧化碳 510 吨[3-4]。

3. 采用先进节能结构与节能设备

北京冬奥会场馆广泛采用膜结构、索网结构、钢结构、可变剖面赛道等低碳建筑结构，减少高碳排放建筑材料使用，仅首钢滑雪大跳台一处场馆便实现用钢量节省 9.75%，防火涂料用量节省 27%，减少碳排放量约 950 吨；同时优先选用能效等级高的节能电气设备，仅五棵松冰上运动中心一处场馆的溶液除湿系统便可实现整体节能率 77.1%[5-9]。

4. 推广低碳化建筑工程管理

北京冬奥会场馆广泛采用建筑信息模型（building information model，BIM）技术和提高预制构件率、土石方减量化和资源化的低碳建筑工程管理技术，提高了施工效率，缩短了工期，减少了建筑过程设备和人员相关碳排放，同时降低了建筑材料浪费比例，仅国家速滑馆采用的再生骨料技术便实现水泥用量节约 18 吨[10-11]。

5. 开展零碳小屋示范应用

北京冬奥会积极开展世界领先低碳建筑技术示范和宣传工作，在国家速滑馆部署零碳小屋作为场馆临时建筑，在赛时提供票务及应急咨询服务。该示范建筑自重轻、强度高、易装配，采用全热回收洁净新风系统，热回收率大于 80%，确保了室内空气质量空调制冷制热负荷小于 30 瓦/米^2，仅为普通建筑的 20% 至 30%。该示范建筑搭载的"风、光、储"清洁创能系统能够满足能源自我供应；零碳智能控制平台可实现小屋电气系统智能控制，确保建筑运行过程的碳中和。

6. 创新绿色冰雪建筑标准与绿色制冰技术

北京冬奥会不仅针对国内、国际缺乏雪上运动场馆绿色建筑评价标准的实际情况，为推动北京冬奥会雪上场馆的绿色建设，创新组织编制了《绿色雪上运动场馆评价标准》，还首次将二氧化碳跨临界直冷制冰技术应用在冬奥会 4 个冰上比赛场馆，仅国家速滑馆一处场馆便实现全冰面运行情况下年减排二氧化碳 26 000 吨，树立了冰雪运动低碳建筑典范[12-13]。

3.5.4 低碳交通：绿色智能高效体系保障赛时交通运行

北京冬奥组委依托京冀两地新能源汽车和可再生能源发展优势，制定赛时交通运行政策，构建低碳交通运输服务体系，充分应用智能化交通系统和管理措施，提升交通精细化管理水平和运行效率，探索区域绿色交通体系的良好实践。

1. 规模化应用清洁能源车辆

北京冬奥会按照"北京赛区内主要使用纯电动、天然气车辆，在延庆和张家口赛区内主要使用氢燃料车辆"的配置原则，赛时计划使用赛事交通服务用车4090辆，按照能源类型分类，氢燃料车816辆、纯电动车370辆、天然气车478辆、混合动力车1807辆、传统能源车619辆。节能与清洁能源车辆在小客车中占比100%，在全部车辆中占比84.9%。

2. 提升交通运行效率

北京冬奥会搭建了"交通资源管理系统"，实现了北京冬奥会赛时交通运行工作的统一指挥。通过对赛时交通服务车辆数据的实时监测与统计分析，掌握赛时交通整体运行情况，辅助决策者进行决策，提高赛事期间交通组织水平，保证整体交通环境的有序畅通；信息发布功能实现信息与事件的精准快速传递，提升赛时交通组织、运行和管理能力为赛时交通运行的平稳高效提供科技支撑。

3. 提倡低碳转运

北京冬奥会充分利用京张高铁实现北京、延庆和张家口三个赛区间的赛事转运；在京张高铁沿线的7个高铁站设立专门服务北京冬奥会的接驳保障团队，设置北京冬奥会专用通道，优化站内外接驳流线和通行方式，降低出行相关的碳排放。

3.5.5　低碳行动：多管齐下积少成多实现高效减碳

北京冬奥组委倡导低碳办公、低碳出行，努力将北京冬奥组委办公区打造成展现全球生态文明建设成就的重要平台和窗口。北京冬奥组委入驻首钢园区以来，通过综合利用、改造废旧厂房，利用光伏发电、太阳能照明、雨水收集和利用等技术，建设绿色高标准的冬奥组委首钢办公区，充分利用 OA（office automation，办公自动化）系统、视频会议系统等现代化办公手段，减少纸张及办公用品使用，有效降低碳排放。截至 2021 年 6 月 30 日，北京冬奥组委共通过节约用纸、节约用水、低碳出行、节约用电、节约食物和垃圾分类等措施，累计减排约 402 吨二氧化碳当量。

3.6　谋：北京冬奥会碳抵消措施与碳中和衍生效应

北京冬奥组委针对无法避免的碳排放，制定了北京市和张家口市林业固碳、企业自主行动、碳普惠机制等碳中和措施，探索建立碳补偿工作机制，通过林业碳汇和涉奥企业赞助核证自愿减排量以及面向公众推广碳普惠机制等多种形式的碳补偿举措，抵消北京冬奥会筹办所产生的碳排放，努力实现北京冬奥会碳排放量全部中和的目标。在北京市、河北省政府相关部门以及赞助企业的积极支持下，碳补偿措施取得积极进展。同时，推动全社会践行低碳行动，倡导可持续的生产和生活方式。

3.6.1　林业碳汇：百余亩①造林工程用于北京冬奥会碳抵消

碳汇一般是指通过植树造林、植被恢复等措施，吸收大气中的二氧化碳，从而减少温室气体在大气中浓度的过程、活动或机制。在 2003 年 12 月召开的《联合国气候变化框架公约》第九次缔约方大会上，国际社会就将造林、再造林等林业活动纳入碳汇项目达成一致。奥运会低碳管理历史上，2014 年索契冬奥会和 2018 年平昌冬奥会就曾通过举行植树造林活动增加林业碳汇，实现一部分奥运会相关活动排放碳抵消。北京冬奥会首次通过大范围的造林工程，为北京冬奥会碳中和目标的实现提供大量的林业碳汇碳抵消量。

自 2014 年申办北京冬奥会开始，北京市和张家口市分别有计划地开展绿化造林工程。北京市和张家口市均已分别完成 71 万亩和 50 万亩造林工程，将通过第三方监测核证后的造林工程产生的碳汇量，全部用于北京冬奥会碳补偿，助力北京冬奥会碳中和工作。北京市和张家口市的绿化造林工程也对京张两地生态环境改善及生物多样性保护产生良好的效益，为后代留下绿色冬奥遗产。

3.6.2　涉奥企业赞助核证自愿减排量：抵消共计 60 万吨碳排放

核证自愿减排量，是指一单位的符合清洁发展机制原则及要求，且经联合国执行理事会签发的清洁发展机制项目的减排量。一单位 CER 等同于一吨的二氧化碳当量，计算 CER 时采用全球增温潜能值（global warming potential，GWP），把非二氧化碳气体的温室效应转化为等同效应的二氧化碳量。

北京冬奥会期间，中国石油天然气集团有限公司、国家电网有限公司和中国长江三峡集团有限公司等三家北京冬奥会官方合作伙伴积极支持北京冬奥会碳中和工作，以赞助核证自愿碳减排量的形式，每家分别向北京冬奥组委赞助 20 万吨二氧化碳当量的碳汇量，助力北京冬奥会碳中和目标的实现。2010 年温哥华冬奥会曾通过涉奥企业赞助核证自愿减排量实现了 11.8 万吨直接碳排放的碳抵消，相比之下北京冬奥会获得的涉奥企业赞助核证自愿减排量相当于前者的 5 倍之多。

3.6.3　碳普惠机制：大众参与助力北京冬奥会碳中和

碳普惠机制是引导公众、家庭或社区践行减排、节能、减少资源消费等低碳

---

① 1 亩≈666.67 平方米。

行为的一种创新机制。碳普惠机制的推广，是落实国家、省委和省政府应对气候变化及低碳发展工作部署要求的重要补充，能有效调动全社会践行绿色低碳行为的积极性，树立低碳、节约、绿色、环保的消费观念和生活理念，扩大低碳产品生产和消费，拉动低碳经济和产业发展，加快形成"政府引导、市场主导、全社会共同参与"的低碳社会建设新格局。

为了使全社会达成低碳发展的共识，不仅要在企业层面下功夫，还要着力从个人消费端推动低碳减排。但是，个人消费端排放具有"小散杂"的特点，难以采用与行业、企业节能减排相同的方法进行引导。

2020 年 7 月 2 日，北京冬奥组委正式发布并上线"低碳冬奥"微信小程序，利用数字化技术手段记录用户在日常生活中的低碳行为轨迹，推广碳普惠机制，鼓励和引导社会公众践行绿色低碳生活方式，积极参与多元化的低碳冬奥行动。截至 2021 年 12 月 31 日，已有超过 11 万人注册"低碳冬奥"小程序，为低碳冬奥贡献自己的力量。

碳普惠机制在市场、政策、社会等各方推动下得到了快速的发展，并且取得了显著的成效。本书第 4 章对碳普惠机制内涵、实践情况、核心要素及其相互之间的重要关系进行了说明，并对冬奥碳普惠应用对京津冀地区发展的影响进行了深入分析。

3.6.4　碳中和衍生效应：实现低碳冬奥同时助力京津冀地区发展

北京冬奥会碳排放监测精准全面，碳排放核算边界清晰、方法明确，通过使用绿色能源、建设低碳场馆、搭建绿色交通体系、施行低碳行动、综合碳管控等措施减少与管控碳排放；依靠林业碳汇、涉奥企业赞助核证自愿减排量等方式增加与促进了碳吸收；积极发挥碳普惠机制优势，在全社会有效树立了低碳观念，促进低碳行业发展，支持北京冬奥会圆满实现碳中和，为未来大型活动碳中和树立了良好典范，提供了详细指南。本书第 5 章将具体地对北京冬奥会碳减排和碳中和进行综合评估，科学量化北京冬奥会碳中和成果，解答北京冬奥会碳减排效果、北京冬奥会碳中和对环境影响等问题。

此外，北京冬奥会碳中和在全国尤其是举办城市所在的京津冀地区，提高了居民环保意识，增进了社会可持续发展认可度；影响了区域整体经济走势，推动了低碳产业发展，给部分产业投资带来市场大环境变化；带来了空气污染指数、森林覆盖率和生态多样性变化，改善了水质与土壤质量，对社会、经济、环境三维度上的京津冀区域协同发展方面产生影响。本书的第二篇将对这些影响进行系统科学的方法学构建以及细致全面的综合评估。

第4章　北京冬奥会碳普惠机制

碳普惠机制是引导公众、家庭或社区践行减排、节能、较少资源消费等低碳行为的一种创新机制，是在北京冬奥会实现首次尝试的奥运会碳抵消措施。本章对碳普惠机制的内涵进行介绍，阐明了各个核心要素之间的重要关系，详细介绍了北京冬奥会的碳普惠措施及其成果，并分析了其对京津冀地区协同发展的影响。

4.1　碳普惠机制内涵及实践

目前，我国主要通过行业、企业层面落地减排政策及目标，但随着城镇化快速发展和城乡居民生活水平不断提高，人均碳排放水平呈快速增长态势，城市小微企业和城乡居民生活、消费领域已然成为能源消耗和碳排放增长的重要领域。但是，个人层面的碳排放具有"小、散、杂"的特点，难以采用与行业、企业节能减排相同的行政手段及市场方法进行引导。在这样的情况下，我国各地先后提出了碳普惠机制。

4.1.1　碳普惠机制激发多方减碳潜力，意义重大

碳普惠机制是指为小微企业、社区家庭和个人的节能减碳行为进行具体量化和赋予一定价值，并建立起以商业激励、政策鼓励和核证自愿减排量交易相结合的正向引导机制，其核心在于赋予个人的节能减碳行为一定的价值。主导机构通过专业数据库和交易服务平台，将居民的减碳行为（如绿色出行、垃圾分类回收、节气节电等）进行具体量化计算，将经核证的减排量依据一定原则转化为碳信用或碳积分等，并结合商业机制对民众进行奖励。

碳普惠机制是现有碳交易核心内涵由生产领域到生活领域的延伸，是以市场化机制推动居民生活减排的一种探索。推广碳普惠机制，有利于提高民众低碳意识，调动全社会践行绿色低碳行为的积极性，降低生活领域碳排放，符合城市可持续发展的内在需求。健全碳普惠机制是建立生态文明制度、强化节能减排机制、促进社会低碳发展的必然要求。

4.1.2　我国碳普惠机制实现路径多样，模式各异

行为类型所处领域不同，碳普惠机制的普惠对象、基本思路和数据来源也各

不相同,碳普惠的实现路径如表 4-1 所示。按照主导机构的不同,我国当前碳普惠机制可以分为政府主导和企业主导两大类别,如表 4-2 所示。

表 4-1　不同行为类型碳普惠实现路径

行为类型 所处领域	普惠对象	基本思路	数据来源
出行领域	绿色低碳出行的个人	对步行、骑行、公交、地铁和网约拼车等低碳出行方式进行鼓励	公交公司、交通卡发卡公司、共享单车公司、网约车平台等
生活领域	节能减碳的小微企业、家庭或个人	对节约水电气和垃圾分类回收等行为进行激励	供电公司、自来水公司、燃气公司、垃圾分类回收公司等
消费领域	购买节能低碳产品的消费者	对购买采用节能低碳工艺技术制造并经过官方认证产品的行为进行激励	产品生产方、产品销售方等
旅游领域	践行绿色低碳行为的游客	对购买电子门牌、乘坐低碳环保车(船)、低碳住宿等行为进行激励	景区管理机构、酒店等
公益领域	参与绿色低碳和节能环保活动的小微企业、家庭或个人	对参与减碳效果明显或能够产生碳汇的公益活动进行激励,如参与低碳宣传或植树造林等	活动主办方

表 4-2　不同主导机构碳普惠实现路径

主导机构	名称	低碳行为方式	量化核算方法	激励机制	商业模式
政府类	广州:碳普惠	公交、地铁、公共自行车、节约水电气、减少私家车、低碳旅游方式、购买低碳节能产品	公布低碳行为对应的减排量,未公布量化核算方法	优惠券、代金券	广州赛宝认证中心服务有限公司(或广东省发展和改革委员会)提供运营资金,商户提供优惠
	北京:我自愿每周再少开一天车	减少驾驶私家车次数	北京绿色交易所开展算法研究,未公开	根据排量,停驶一天分别获得0.5 元、0.6 元、0.7 元的碳减排收益	北京市发展和改革委员会提供补贴
	河北:碳普惠(石家庄、保定、沧州、张家口、承德)	林业碳汇、绿色出行、绿色社区、绿色景区、清洁能源供暖等	未公开	未公开	—
	深圳:碳账户	回收机、绿色出行、分时租赁、充电桩、自行车	具有排放量与减排量两项核算指标;排放量自行添加衣、住、行、食四大类型的活动核算,后台核算未公开	换购小礼品;积分抽奖	由绿色低碳发展基金会出资运营;以社交和公益吸引用户

续表

主导机构	名称	低碳行为方式	量化核算方法	激励机制	商业模式
政府类	南京：绿色出行	自行车、公交、地铁、步行	换算为积分，绿色出行每次积 1 分，不开车积 2 分，步行 5000 步积 1 分，1 万步积 2 分	换购小礼品；线上积分种树，线下认领植树	—
	武汉：碳宝包	江城易单车、悦动圈（步行）	未公开	换购小礼品；享特惠商品	武汉市发展和改革委员会与湖北碳排放权交易中心出资举办线下活动；商家让利
	抚州：碳普惠	步行、公交、骑行、在线支付、网上办事、电子门票、绿色产品	未公开	公共服务激励、公益活动激励、商业优惠折扣	—
企业类	恒大集团：碳币	低碳出行、垃圾分类、绿色消费	未公开	园区内的用户特权、礼品、专属租赁	乐园通过机制提高盈利，正向反馈游客
	蚂蚁金服：蚂蚁森林	线上支付、步行、骑行、公交、水电	北京绿色交易所开展算法研究，未公开	绿色能量换取公益林木种植	蚂蚁金服出资；中国绿化基金会、北京市企业家环保基金会等种植

目前，我国碳普惠机制均已初具雏形，形式丰富多样，主要覆盖居民消费、出行等生活领域；在总体形式上，都遵循着"碳普惠行为—量化核算—获取激励—碳普惠行为"的循环机制，并且正在探索更加合理的商业运行模式以寻求形成碳普惠项目活动的长效机制。

4.1.3　我国碳普惠机制初步应用，京冀多地积极参与

为了合理控制生活领域碳排放水平的快速增长，加快形成全社会共同参与的低碳社会建设新格局，我国多个地区因地制宜地逐步尝试推行碳普惠机制：2016年广东省在全国率先开展碳普惠试点；2017 年洛阳市启动碳普惠公益林业碳汇项目，同年广东省尝试将 PHCER（碳普惠核证减排量）纳入碳排放权交易市场补充机制；2021 年青岛市搭建以数字人民币结算的碳普惠平台，同年深圳市发布《深圳碳普惠体系建设工作方案》开启碳普惠体系建设进程……

北京市、河北省也积极参与其中，构建了涵盖低碳生活的碳普惠体系。

1. 北京市碳普惠机制

为降低交通部门碳排放，北京市积极引导和鼓励市民自愿降低机动车使用强度，2017 年 6 月正式上线了"我自愿每周再少开一天车"碳普惠平台。

该机制号召机动车车主在限号当天以外自愿停驶机动车，私人机动车车主可以通过手机拍照停驶证据的方式向个人碳账户系统申请减排量。该减排量经过审核确认后，会直接作为抵消机制加入北京碳交易试点中，由北京市重点排放企业出资购买，而机动车车主则可以从碳交易中直接获得现金收益。机动车停驶一天产生的碳减排量依据北京市开发的机动车自愿减排方法进行核算。

在北京市碳普惠机制基础上，北京市 2022 年 1 月 25 日提出要继续优化交通出行结构，调节出行方式，强化绿色交通吸引力、竞争力，升级绿色出行碳普惠激励，宣传培育公众绿色出行理念，探索研究个人碳账户，助推私家车出行向绿色集约出行转换。

2. 河北省碳普惠机制

河北省以"自主自愿、鼓励创新"为原则，选择石家庄、保定、沧州、张家口和承德作为首批省级碳普惠机制试点城市，从林业碳汇、绿色出行、绿色社区、绿色景区和清洁能源供暖等方面着手，建立了较为完整的碳普惠机制体系。

为科学量化低碳行为的减排量，石家庄市以乘坐地铁的绿色出行为切入点，通过"石碳惠"微信服务平台，获取注册用户的相关低碳数据，分行业、分领域记录并核算减碳量，并根据减碳量为用户的低碳行为提供奖励；承德市确定了碳普惠景区和酒店，在于营子林场开展林业碳普惠试点，促进了森林生态产品价值化；保定市以绿色出行和绿色景区为主要突破口，景区大部分覆盖太阳能路灯，景区门口和步行道设立低碳宣传栏，鼓励游客低碳游览；沧州市建设了绿色出行碳普惠专线，公众的节水节电、低碳出行、旧衣捐赠等行为均可获取一定数量的碳币，用以在线兑换节能产品、生活个护产品、文创旅游产品、名优特产等。

4.2　碳普惠机制核心要素

碳普惠机制的核心要素包括参与主体、项目活动及产品、基础制度、技术支撑与碳普惠相关联盟。参与主体、项目活动及产品和技术支撑是碳普惠机制的主要组成部分，基础制度是机制得以运行的基本保障，碳普惠相关联盟则发挥着重要的资金与资源保障作用。

4.2.1　碳普惠机制中参与主体、项目活动及产品与技术支撑缺一不可

1. 参与主体

碳普惠机制可结合具体项目活动的类型、规模、特点等多方面因素，规定参与主体的具体条件，此时的参与主体可以是具有相同行为特征的特定人群，一般以个人、家庭或社区为统计单位。参与主体作为生态环境保护的参与者、引领者、

贡献者、获利者，有权利在自愿的前提下，参与各类碳普惠项目活动并通过碳普惠框架中的激励机制获得绿色价值。

2. 项目活动及产品

碳普惠项目活动及产品是指公众、家庭或社区自愿地做出与日常生活相关的减排、节能、减少资源消费的行为。一般来说，碳普惠项目活动及产品应综合考虑时间、成本、质量、资源、风险等有关因素进行选取；参与主体无论以何种形式参与，都应以自愿参与作为基本前提和原则。主导机构可结合自身资源条件与地域、人文、基础设施等条件，优先选取在具有广泛群众基础和数据支撑、充分体现生态公益和亟须改善措施支持的领域开展碳普惠项目，包括但不限于以下几个方面：居家生活方面可以开展节约用水、光伏发电、垃圾分类回收等项目活动；出行方面，可以选取地铁出行、公交出行、共享单车出行以减少私家车出行的场景；消费方面，包括购买节能空调、节能灯等高能效电器以及购买新能源电动汽车以减少化石能源使用等消费活动；出游方面，景区可以选择统一发行电子门票，提供低碳住宿等。

3. 技术支撑

注册平台系统和数据传输系统是碳普惠项目的重要技术支撑，分别起到公众参与窗口和数据管理的作用。

碳普惠机制的注册平台是公众与碳普惠平台衔接的第一步，主要包含碳普惠官方网站、手机 APP（application，应用）、微信公众号或小程序等形式，以实现减排量获取与碳信用管理。注册平台具备减排量与碳信用的折算功能，直观反映碳普惠行为带来的效果，有利于用户对碳普惠项目活动及产品形成更具体的印象并对活动行为进行减排量估算与预测。注册平台可以实现基于碳信用的激励机制，合理衡量商品与服务的价值，在保证商家利益前提下，允许用户单独使用碳信用积分（如碳币、碳积分等）进行支付，购买平台入驻商家提供的商品或服务。

碳普惠机制的数据传输系统，需要适应各种类型碳普惠行为的数据采集需求，通过移动通信等方式对现有通信网络进行延伸、扩展和完善，增强数据终端的计入能力、适应性与灵活性，统一管理综合性传输网络，实现高速对大容量信息数据和视频影像进行整合和传递，适应各类碳普惠场景的承接。

4.2.2　碳普惠机制基础制度，核证、转化、激励与管理相互支撑

1. 监测、报告与核证制度

碳普惠机制下的监测、报告与核证（monitoring, reporting, and verification,

MRV）制度包括对参与主体的碳普惠行为数据进行便捷合理的监测、对碳普惠的场景及项目活动的减排量进行科学量化并报告以及对减排量是否真实有效进行核证等有关内容。

监测制度旨在在可行性与经济性允许范围内科学选取可量化的数据与参数，规定合理的获取方式，有针对性地记录监测碳排放结果；明确参与主体及排放源，确定各碳普惠行为的监测方式与监测标准，规范监测管理流程，对碳普惠项目活动建立监督机制，为碳普惠行为数据的报告与减排量的核证奠定可靠基础。

报告制度旨在将碳普惠产生的减排量向主导机构进行报告以实现有效监管，一般内容涵盖参与主体的基本信息、所使用的相关方法学、碳普惠行为数据、减排量化核算结果、不确定性分析等。个人层面碳普惠行为产生的减排量数额小、数据分散，且涉及的活动类型繁杂，通常由监测设备实时采集并同步上传至平台或者由参与主体进行人工录入并在线提交，之后由平台根据相关方法学进行减排量的计算，最终将减排量报送给发起机构。

核证制度旨在保证碳普惠机制的公平、公正、透明，核实减排量的真实性与可靠性。一般情况下参与主体可根据自愿原则进行核证，但是当碳普惠项目活动的减排量达到一定规模或进行碳普惠机制的交易等时则必须要进行核证。核证制度要求对数据进行交叉验证，一方面结合多种数据来源进行横向对比，另一方面对一定时间段前后的数据进行纵向验证。

2. 碳信用转化制度

碳信用是在满足参与主体基本生活所需的碳排放需求之外产生的减排量。碳信用的转化一方面是节能、减排、节约资源等不同行为量化指标之间的转化，另一方面是碳减排量与碳积分之间的转化，完成真正意义上的碳普惠。

首先，碳信用转化制度应以量化核算为前提，保证碳信用转化的质与量。碳信用转化以 MRV 制度为基础，对个人、家庭和社区的日常碳普惠行为进行客观记录与监督，通过科学的量化核算方法发挥作用。碳普惠机制需对个人、家庭、社区的减排、节能、减少资源浪费等低碳行为进行量化指标的转化。其次，碳普惠机制需统一各类碳普惠行为的量化核算方法。当前各碳普惠平台及机制存在形式呈现多样化，且不同平台的量化核算方法尚未统一，造成相同的碳普惠行为在不同平台得到的减排量存在差异，这给不同区域主导的碳普惠场景减排量转化为碳信用带来困难。最后，碳普惠机制需建立统一的减排量到碳积分的折算关系。根据碳普惠行为的特征，将地方政策、经济成本等多方因素量化为综合折算系数，确定科学合理的折算关系，由此，减排量可以遵循统一原则兑换为碳积分。逐步实现量化核算体系及信用转化体系的标准化与统一化，为各类、各地碳普惠平台对接奠定基础，有利于实现与碳交易平台的逐步对接。

3. 激励机制

碳普惠实质上是参与主体"自愿参与节能减排、减少资源利用活动—获得激励—持续节能减排、减少资源消耗"的循环机制。激励机制对碳普惠机制得以真正运作并发挥作用起到关键性作用，是碳普惠机制实现闭环的内在驱动力和决定要素。参与主体的减碳量按照一定比例换算成碳币，利用碳币的金融属性在全社会系统内进行流通，从而获取商业激励、政策激励及交易激励。

其中，碳普惠商业激励是指碳币可用于兑换企业所提供的折扣及增值服务，让公众通过日常消费中的优惠感受到低碳所带来的直接经济价值，增强公众践行低碳的自主性。碳普惠政策激励是指将碳普惠机制与节能减排相关政策制度结合，充分利用市场化的补充激励作用，发挥政策的最大功效，激励公众积极降碳。碳普惠交易激励是指将公众易精准计量的低碳行为所产生的减碳量进行核证并签发，签发的减碳量可用于抵消控排企业配额。碳普惠机制的这三种激励彼此作为重要补充，共同发挥正向激励作用。

4. 风险管理制度与监督管理机制

碳普惠的风险管理旨在把机制运行过程中的不良影响降到最低，并对可能出现风险制定应对措施，以保障机制平稳顺利运行。碳普惠的运行风险主要有管理风险、市场风险和技术风险。

监督管理机制旨在保证碳普惠健康、稳定的发展态势，最大程度保证利益相关方之间的公平，通过建立规范的信息跟踪与公示制度，从项目活动的确定到公众获得激励的各个流程和环节进行信息跟踪采集，并在不涉及隐私泄露的前提下积极进行公示，接受社会群体的广泛监督。

4.3　北京冬奥会碳普惠项目成效及影响

北京冬奥会碳普惠项目通过引导社会大众行动，倡导绿色低碳生活方式，切实有效、可量化地助力赛事碳中和，是北京冬奥会为国际奥运会低碳管理工作献上的全新的碳抵消方式。

4.3.1　北京冬奥会碳普惠机制内涵丰富形式多样

北京冬奥组委推进碳普惠机制创新活动，发布并上线"低碳冬奥"小程序，利用数字化技术手段，采用互联网、大数据、区块链等技术，在用户充分授权的情况下，通过科学算法，记录用户在日常生活中的低碳行为轨迹，将公众绿色行为量化为具体的减排量，并记录在冬奥碳账本中。北京冬奥组委通过鼓励和引导社会公众践行绿色低碳生活方式，培育社会公众的低碳责任感和荣誉感，为低碳冬奥做出贡献。北京冬奥会碳普惠具体机制建设成果如下所述。

1. 开发绿色行为减排量算法

技术支撑单位绿普惠科技（北京）有限公司参考《北京市低碳出行碳减排方法学（试行版）》，依托中华环保联合会推出的《公民绿色低碳行为温室气体减排量化导则》团体标准，开发出了一套绿色行为的减排量化算法，包含步行、骑行、机动车停驶、光盘行动、垃圾分类、ETC（electronic toll collection，电子收费）、公交出行 7 个场景，规范了各场景的定义和碳排放因子的使用。

2. 建设冬奥碳普惠后端系统

北京冬奥组委搭建了北京 2022 冬奥碳普惠后端系统，覆盖衣、食、住、行、游等市民减排行为，同时对接了百度地图、美团单车、货车之家（南京）科技有限公司、深圳的宝科技技术有限公司、苏州市伏泰信息科技股份有限公司、北京新素代科技有限公司等企业，带动企业和个人参与低碳冬奥碳普惠事业，同时通过北京冬奥碳普惠数字大屏向公众展示减排成果。

3. 建设公众碳普惠前端应用

北京冬奥组委同时建设了北京 2022 冬奥碳普惠公众前端应用，通过开发个人碳账本，供用户查询个人践行数字化绿色低碳行为的减排量，个人碳账本分别在"低碳冬奥"小程序、百度、美团、光盘打卡等应用上线，供个人查询碳账户和兑换激励。

4. 建立多元化碳普惠激励机制

在设计冬奥碳普惠的同时，北京冬奥组委通过多方面激励方式来鼓励公众参与低碳行动，践行绿色。低碳冬奥碳普惠对公众的激励主要来自冬奥会的赞助商，如可口可乐、中国联通等。通过加入赞助商，北京冬奥会开创了市场化激励鼓励公众绿色低碳生活的新模式，对市民的低碳减排活动起到带动作用。

5. 开展全民绿色低碳行动宣传推广

冬奥碳普惠项目期间，策划了多场线上宣传活动，分别在北京冬奥会倒计时重要的时间节点举办。通过联合微博大 V 及中央核心媒体，包括中国新闻周刊、中国日报网、新华网、环球网、法治网、中国科技网、中国环境网等，进行同步宣传。此外，还联合奥运赞助企业中国联通进行传播。

4.3.2　北京冬奥会碳普惠机制初次应用成效斐然

2020 年 7 月 2 日是第八个全国低碳日，这一天北京冬奥组委正式上线"低碳冬奥"微信小程序 1.0 版,通过碳普惠方式,吸引社会公众积极参与低碳行动。该碳普惠平台依托数字化的技术手段,记录用户在日常生活中的低碳行为轨迹,颁发碳积分和"低碳达人"等荣誉勋章,并提供碳积分奖励兑换功能。自上线以来,不断鼓励和引导社会公众践行绿色低碳生活方式,起到了良好的社会示范效应。

2021 年 8 月,随着赛事筹备,"低碳冬奥"全面升级成为具备中英文双语模式的小程序 2.0 版,方便国际用户参与使用;通过倡导"蓝天打卡"行动,邀请用户记录低碳元素"蓝天",激发用户低碳热情;发起"低碳校园 PK 赛",激励学校师生家长参与低碳答题,培养低碳意识,为低碳行动储备新生力量。

"低碳冬奥"小程序的应用,起到了良好的社会示范效应,减少了参与者的日常生活碳排放,为低碳冬奥做出了重要贡献。截至 2021 年 12 月底,已有 110 324 位用户参与"低碳冬奥"小程序。截至 2022 年 2 月底,累计减排人数为 2 703 934 人,累计减排 90 022 209 次,累计减排量为 19 397 吨。其中,绿色出行场景减排贡献率为 63.50%,垃圾分类场景减排贡献率为 35.20%,绿色餐饮场景减排贡献率为 1.30%。

4.3.3　北京冬奥会碳普惠对京津冀协同发展产生积极影响

公众参与的体育赛事,如京津冀体育舞蹈公开赛、京津冀羽毛球冠军挑战赛、京津冀滑雪社会体育指导员职业技能挑战赛、京津冀龙舟冠军挑战赛等系列群众体育赛事密集举办,成为三地体育产业发展的新增长力。在绿色冬奥的影响下,冰雪运动成为新的群众体育运动项目,有效助推了体育产业链延伸,丰富了产业形式,为体育产业及绿色低碳产业发展提供了更强有力的政策扶持。

冬奥碳普惠通过倡导公众绿色低碳生活方式,有效推动群众性体育赛事互联互动,有效促进京津冀三地体育产业发展,能一定程度解决体育产业发展中的创新因素不足问题。同时,通过鼓励个人自愿购买碳普惠 CER 抵消个人日常生活产生的碳排放,推动京津冀三地绿色消费和绿色生活;通过打造绿色、低碳产业品牌,提升区域高质量协同发展。

碳交易市场是绿色金融体系的重要组成部分,而碳普惠是碳交易与民众及中小企业建立价值联结的创新方式。个人和小微企业可以通过很多日常的重复性的行为以及生活场景带来碳减排量,创造和实现碳价值,逐步形成个人碳普惠流量与企业经济效益相互促进的良性循环,甚至推动企业、机构和个人实现碳中和,这意味着我国全民生态环境保障体系的建设迈出了重要的一步。冬奥会在北京、延庆、张家口三个赛区开展各具特色的碳普惠创新活动,在推动跨区域碳普惠 CER 市场方面具有很强的示范意义。

　　三个区域的公众可作为碳普惠项目业主依据相关碳普惠方法学申报碳普惠CER，通过抵消机制进入北京区域碳排放权交易市场，通过支持与鼓励北京市纳管控排企业购买碳普惠减排量，并通过抵消机制完成碳排放权交易的清缴履约等，进一步推动京津冀跨区域碳排放权交易市场的互联互通。同时，通过鼓励符合条件的金融机构参与碳普惠绿色投融资服务，尝试开发基于碳普惠减排量的各类质押、应收账款保理、债券、资产证券化等金融服务。

第5章 北京冬奥会碳减排和碳中和综合评估

北京冬奥会从清洁能源、场馆建筑、交通运输等角度，运用不同的技术进行碳减排并实现碳中和。本章首先基于上述角度对相关碳减排研究进行综述。在综述的基础上，本章从减排成效、减排成本以及经济影响等角度建立了一套评估指标体系，对北京冬奥会的碳减排方案进行了综合评估。

5.1 碳减排技术综合评估方法

本节对当前主要的二氧化碳减排评估方法进行评述。首先，对现有与大型项目和大型活动有关的碳减排评估指标体系的研究进行梳理和回顾，并且总结在建立评估指标体系时应该遵守的原则。同时，基于体系建立的原则，简要概括本章指标体系的建立过程。从减排成效、减排成本以及经济影响等角度对目前主要碳减排技术的评估方法进行梳理和回顾。

5.1.1 主要碳减排技术的综合影响

1. 清洁能源技术的减排成效、成本和推广

北京冬奥会践行碳减排的一个重要举措是大范围使用清洁能源，如风力和光伏发电等。风力和光伏发电与火力发电等传统发电方式相比，几乎无污染，并且经济成本更低，值得大力推广。此外，风力发电属于技术最成熟、最具价格竞争力的可再生能源。2020 年，全球范围内风力发电量将达到 2600 亿千瓦时，相当于减少二氧化碳排放 1.5×10^9 吨。除经济成本和价格竞争力外，居民家庭特征、居民价值责任和居民认知水平等也是影响清洁能源推广的重要因素。同时，一些技术瓶颈也亟待突破，如风力发电所需的齿轮箱等核心部件的国产零件损坏率很高，因此需要对该技术进行深入研发，清洁能源的前期研发还需要大量资金，这也是制约清洁能源推广的一个重要因素。

国际上已有研究对能源领域的二氧化碳减排进行了评估。以评估越南中部使用沼气的温室气体减排成效为例，研究显示，与木柴产生的温室气体排放相比，沼气的使用使温室气体排放量每年减少了 20%。此外，温室气体的减排量为每年 384.1 千克二氧化碳当量[14]。以澳大利亚亚热带地区的一座体育场的温室气体排放为例，体育场的运行占每年温室气体排放量的 72.5%。具体来说，基本负荷供

暖、通风和制冷、照明系统的运行是体育场主要的排放来源。如果要减少温室气体排放，较合适的方式是降低这些系统持续运行时间[15]。

2. 低碳建筑技术的减排成效、成本和推广

在场馆建筑方面，北京冬奥会也采取了多种措施来降低碳排放。在建筑过程中，也存在一些因素影响着二氧化碳减排。譬如，建筑材料无法得到合理循环使用是阻碍建筑施工过程中碳减排的重要因素。采用绿色建筑方案是降低建筑过程中碳排放的一种方式。光伏建筑一体化（building integrated photovoltaic，BIPV）是目前打造绿色建筑以及实现碳减排最有效的解决方案之一，其原因是 BIPV 的核心是太阳能的应用和转换。太阳能作为清洁能源，其发电不会污染环境。也有研究发现，绿色屋顶可以缓解城市化的负面影响，促进城市的可持续发展。但是，植被与基质选择的丰富性、配置方式的多样性、运维管理的差异性以及气候环境的异质性等都会影响绿色屋顶的减排效益。因此，在推行绿色屋顶时，需要将上述因素考虑在内，尽可能提升绿色屋顶的减排潜力。在城市地铁建设过程中，能源的消耗也会产生二氧化碳排放，研究结果表明，地铁车站建设所产生的二氧化碳是地铁线路建设碳排放量的主要来源。推广绿色建造技术，采用再生建材等措施，可以有效缓解城市地铁建设过程所产生的碳排放压力。基于诺德豪斯提出的减排成本函数，现有研究证明，2020 年我国水泥行业 17 项减排技术的平均减排成本为 124 元每吨二氧化碳，2020 年实现总减排量 3043 万吨，总减排成本为 10.3 亿元[16]。

自然采光和自然通风等被动式技术可以显著减少绿色建筑中的碳排放，建筑围护结构性能和暖通空调设备能效的提升也可以减少碳排放。按照三星级绿色建筑的技术要求，完全应用 7 种三星级绿色建筑节能技术的综合情景下，建筑物运行阶段每年的减排率可达近 19%。建筑过程中要降低碳排放，需要结合建筑设计，因地制宜推广利用光热、光伏及相关储能技术。已有研究以更宏观的角度对中国建筑部门的碳减排潜力进行了分析，结果表明，当前中国建筑部门所运用的减排技术，将在2025 年、2030 年、2035 年分别带来 4.62 亿吨二氧化碳、4.74 亿吨二氧化碳和 4.68 亿吨二氧化碳的减排潜力[17]。

3. 低碳交通运输技术的减排成效、成本和推广

北京冬奥会在交通运输方面也致力于实现碳减排。交通运输方面的碳减排可以从减排潜力、减排影响因素以及激励机制等角度进行分析。以城市交通中的碳减排实现路径为例，可以运用碳交易和碳税等手段来推进节能减排技术的应用，以及激励车辆的低碳行驶。当前研究指出发电能源结构、城市交通运输状况以及供电线路是影响电动汽车碳减排潜力的重要因素。此外，居民出行也是产生碳排放的重要来源，小汽车拥有、通勤距离、社区公共服务中心混乱度、社区位置、公交站点位置与通勤公交可达性是碳排放的影响因素。2020 年，受新冠疫情影响，中国整个交通运输部门的碳排放明显回落；到 2030 年，在技术进步、结构优化、低碳发展 3 种情景下，中国整个交通运输部门每年的碳减排潜力分别为 8.20%、7.08%、14.45%。其中在低碳情景下，公路、民航运输碳排放显著下降，水路、城市客运碳排放微降，铁路运输碳排放上升，公路、民航、水路、城市客运每年的碳减排潜力分别为 23.71%、10.43%、2.76%、4.40%，而铁路运输的碳排放高于基准情景，每年增加 20.08%，主要原因是运输结构优化使得铁路货运周转量大幅提升，远超过铁路技术进步带来的碳减排效果，但对于交通系统整体来说达到了最优碳减排效果[18]。

5.1.2　碳减排技术综合评估指标体系

在二氧化碳减排评估指标体系上，现有研究主要从城市、景区、行业以及企业等角度展开研究。

聚焦城市节能减排，分别可以从能源消费、能源使用效率、能源利用率、废弃物排放治理、废弃物回收利用以及环境质量等维度对二氧化碳减排进行综合评估。旅游景区也是产生二氧化碳排放的一个来源，对其二氧化碳减排的评估可以从低碳经济、低碳环境、低碳运营、低碳技术以及低碳管理等角度进行，评估的方式既可以是定量评估，也可以是定性评估[19]。

以行业和企业二氧化碳减排评估为主题，现有研究对发电行业的低碳减排项目进行了综合评估。这一方面的研究也可以分别从定量和定性角度进行指标构建。定量指标主要包含能源利用指标、能源回收和节约指标、废弃物回收利用指标、温室气体排放指标以及温室气体削减指标。定性指标主要包含技术先进性、技术成熟度以及技术普适性等指标[20]。基于费用效益分析法，已有研究对白酒企业的节能减排项目进行了综合评估[21]。费用效益分析法产生于 19 世纪，是以福利经济理论为基础的一种经济评价方法，通过对比项目产生的费用与效益，按其净收益对项目的经济性做出评价。对白酒企业的节能减排评估指标体系主要从资源消耗、污染排放以及资源的综合利用等维度进行构建，具体计算了粮食消耗、能源消耗、温室气体排放以及废弃物的回收利用等指标。炼化企业也是产生二氧化碳的主要来源，当前研究对这类企业的二氧化碳减排评估主要从燃料使用效率、炼化工艺以及温室气体回收利用等指标建构了评估体系[22]。已有研究开始建立应用在整个经济社会的评估指标体系。在结合投入产出分析、生命周期分析和消费方式分析的基础上，可以从碳排放总量、人均碳排放量以及基本生存排放量等角度构建应用于整个社会的评估指标体系[23]。

5.2　北京冬奥会碳减排综合评估指标体系

本章旨在建立适用于北京冬奥会的碳减排综合评估指标体系，并呈现冬奥会的综合评估结果。在建立碳减排综合评估指标体系时，应遵循以下原则：指标宜少不宜多，宜简不宜繁；指标之间应具有独立性与差异性；指标应具有代表性；指标应具备可行性[24]。因此，本章在结合实际数据情况的基础上，建立了适用于北京冬奥会的碳减排综合评估体系。具体来说，评估指标体系由减排成效、减排成本以及经济影响三个维度组成[25-26]。基于这一体系，在对北京冬奥会的碳减排进行综合评估时，仅需要二氧化碳排放量、二氧化碳减排量以及举办地点的经济产出水平数据，这一体系的建构过程符合简洁性、独立性、代表性、差异性以及可行性原则。

5.2.1　评估指标体系

在计算减排成效、减排成本以及经济影响等指标时，需要使用二氧化碳排放量、二氧化碳减排量以及举办地点的经济产出水平数据，数据来源于项目组前期测算、国家统计局和北京冬奥组委。本评估指标体系的指标计算均简洁明确，符合简洁性、独立性、代表性、差异性以及可行性原则。北京冬奥会的碳减排综合评估指标体系如表 5-1 所示。具体来说，评估指标体系从减排量、减碳度、边际减排成本（marginal abatement cost，MAC）、总减排成本以及产出弹性等角度对北京冬奥会的能源、场馆建筑、交通运输、赛事设备、物资以及碳抵消等领域进行了评估。

表 5-1　北京冬奥会碳减排综合评估指标体系

一级指标	二级指标	三级指标	数据来源
减排成效	减排量	能源减排量	北京冬奥组委 北京理工大学能源与环境政策研究中心
		场馆建筑减排量	
		交通运输减排量	
		赛事设备减排量	
		物资减排量	
		碳抵消减排量	
	减碳度	能源减碳度	
		场馆建筑减碳度	
		交通运输减碳度	
		赛事设备减碳度	
		物资减碳度	
		碳抵消减碳度	

续表

一级指标	二级指标	三级指标	数据来源
减排成本	边际减排成本	能源边际减排成本	北京冬奥组委 北京理工大学能源与环境政策研究中心
		场馆建筑边际减排成本	
		交通运输边际减排成本	
		赛事设备边际减排成本	
		物资边际减排成本	
		碳抵消边际减排成本	
	总减排成本	能源总减排成本	
		场馆建筑总减排成本	
		交通运输总减排成本	
		赛事设备总减排成本	
		物资总减排成本	
		碳抵消总减排成本	
经济影响	产出弹性	/	国家统计局

注："/"符号表示：计算产出弹性时，需要使用二氧化碳排放量的时间序列数据。然而，北京冬奥组委公布了筹办期间每年的二氧化碳排放量，所以项目组测算了整体减排方案的产出弹性

减排成效维度包含了减排量和减碳度。减排量评估了减排方案减排了多少二氧化碳，使用由传统技术所带来的排放量减去由低碳技术所带来的排放量得到。减碳度评估了减碳效果的优劣程度。减碳度是二氧化碳减排量和二氧化碳排放量之比，因此其值越接近 1，代表减碳效果越好。

减排成本维度包含了边际减排成本和总减排成本。边际减排成本代表在实施北京冬奥会的减排方案之后，每多减排一单位的二氧化碳所增加的成本。总减排成本是指在实施北京冬奥会的减排方案之后，所带来的整体的减排成本。

在经济影响维度，本章使用二氧化碳减排量的产出弹性来评估二氧化碳减排对经济产出的影响。具体来说，当产出弹性为正时，说明北京冬奥会的二氧化碳减排方案对经济产出有正面影响，弹性越大，代表对经济产出的正面影响越大。反之，当产出弹性为负数时，说明北京冬奥会的二氧化碳减排方案对经济产出有负面影响，弹性越大，代表对经济产出的负面影响越大。

5.2.2　减排成效评估指标的计算方法

1. 减排量

（1）建筑建造。在计算减排评估指标之前，需要先计算二氧化碳排放量。以建筑领域为例，本节通过式（5-1）和式（5-2）来计算建筑建造以及运行阶段的

二氧化碳排放量。

$$\text{ME} = \text{PE} + \text{BE} \tag{5-1}$$

$$\text{UE} = \text{ek} \times \mu \times S \times t \tag{5-2}$$

其中，ME 为建造阶段的碳排放量；PE 为场馆建筑物化阶段的碳排放量；BE 为场馆的建筑施工碳排放量；UE 为运行阶段单位面积碳排放量；ek 为单位面积的年耗电量；S 为单位面积；t 为运行时间；μ 为华北区域电网平均碳排放因子。

此外，在改造现有场馆中，该方案对碳减排的贡献主要体现在建造阶段，其减排量计算如下所示：

$$\text{REM}_{\text{Building}} = \text{NEM} - \left(\text{AREA} \times \text{Strength}\right) \tag{5-3}$$

其中，$\text{REM}_{\text{Building}}$ 为改造场馆的碳减排量；NEM 为新建场馆的碳排放量；AREA 为改造面积；Strength 是建造阶段碳排放的强度。

北京冬奥会使用了膜结构建筑和巧借自然光来进行碳减排。这两种技术的减排量计算如下所示。

$$\Delta E_s = e_h \times S_{4,h} \times y \times 0.3 \tag{5-4}$$

$$\Delta E_n = U_1 \times y \times \mu \tag{5-5}$$

其中，ΔE_s 为膜结构建筑的碳减排量；e_h 为场馆建筑年采暖单位面积碳排放量；$S_{4,h}$ 为采暖面积；y 为建筑采暖时间；ΔE_n 为巧借自然光的碳减排量；U_1 为巧借自然光新工艺每年节约的电量；y 为建筑运行时间；μ 为华北区域电网平均碳排放因子，为 0.6419。

（2）清洁能源。北京冬奥会还在能源领域致力于碳减排。以绿色电力和能源管控系统为例，本节介绍其减排量计算方法。

$$\text{REM}_g = \text{EL} \times \lambda \times \tau \tag{5-6}$$

$$\Delta E_m = \text{UE} \times 5\% \tag{5-7}$$

其中，REM_g 为绿色电力的碳减排量；EL 为运行阶段的总用电量；λ 为华北区域电网的碳排放系数；τ 为运行时间；ΔE_m 为能源管控系统的碳减排量；UE 为运行阶段的碳排放量。

（3）总碳排放量。基于低碳技术排放量的计算方法，可以计算应用低碳技术前、应用低碳技术后的碳排放放量，两者之差即为碳减排量。本章通过计算减排量和减碳度，来衡量北京冬奥会的减排成效。首先，本节通过式（5-8）和式（5-9）来计算北京冬奥会的总二氧化碳排放量。

$$\text{BEM}_{\text{total}} = \sum_{n=1}^{N} \text{BEM}_n \tag{5-8}$$

$$\text{AEM}_{\text{total}} = \sum_{n=1}^{N} \text{AEM}_n \tag{5-9}$$

其中，$\text{BEM}_{\text{total}}$ 为应用低碳技术前的总碳排放量；N 为碳排放（减排）来源的数量； BEM_n 为应用低碳技术前的每项碳排放量； AEM_{total} 为应用低碳技术后的总碳排放量； AEM_n 为应用低碳技术后的每项碳排放量。本节通过式（5-10）来计算总碳减排量。

$$REM_{total} = BEM_{total} - AEM_{total} \tag{5-10}$$

其中， REM_{total} 为总碳减排量。

2. 减碳度

因此，本节使用式（5-11）来计算减碳度。具体来说，减碳度是衡量当实施了某一项碳减排技术后，所产生的减碳效果的指标。

$$\phi = REM_{total}/AEM_{total} \tag{5-11}$$

其中， ϕ 为北京冬奥会碳减排方案的减碳度， $0 < \phi \leq 1$ 。从其数学表达式来看， ϕ 的数值越大，越接近 1，代表减碳效果越好，也即 ϕ 的大小和减碳效果是正向关系。值得注意的是，若某项技术没有产生碳排放，则其减碳度达到 1。

5.2.3 减排成本评估指标的计算方法

1. 边际减排成本

在本节中，对二氧化碳减排成本的评估包含边际减排成本和总减排成本。通过计算减排技术的减排成本，可以衡量减排技术的经济性。首先，减排技术的边际减排成本与减排比例 R 之间的关系满足式（5-12）：

$$MAC(R) = \alpha + \beta \times \ln(1 - R) \tag{5-12}$$

其中， $MAC(R)$ 为给定 R 条件下的边际减排成本； R 为减排比例， α 为截距， β 为系数。令 C_n 为二氧化碳实际排放量， A_n 为二氧化碳减排量，可得式（5-13）。

$$MAC(A_n) = \alpha + \beta \times \ln\left(1 - \frac{A_n}{C_n}\right) \tag{5-13}$$

其中， $MAC(A_n)$ 为在给定 A_n 的条件下的边际减排成本。对应至北京冬奥会，边际减排成本即代表在实施北京冬奥的减排方案之后，每多减排一单位的二氧化碳所增加的成本。

2. 总减排成本

若对式（5-13）进行积分，可得到实施北京冬奥会减排方案所带来的总减排成本，如式（5-14）所示。

$$TCA_n = \int_0^{A_n} \left[\beta \times \ln\left(1 - \frac{x}{C_n}\right) \right] dx$$

$$\Rightarrow \mathrm{TCA}_n = x \left[\beta \times \ln \left(1 - \frac{x}{C_n} \right) \right] \Big|_0^{A_n} - \int_0^{A_n} \left[\beta x \frac{\dfrac{-1}{C_n}}{\dfrac{1-x}{C_n}} \right] \mathrm{d}x \qquad (5\text{-}14)$$

$$\Rightarrow \mathrm{TCA}_n = -\beta \left(C_n - A_n \right) \times \ln \left(1 - \frac{A_n}{C_n} \right) - \beta \times A_n$$

其中，TCA_n 为总减排成本，代表实施北京冬奥会的减排方案所带来的整体减排成本。

5.2.4　经济影响评估指标的计算方法

按照宏观经济学的原理，并结合北京冬奥会的实际情况，本节使用下列模型来衡量北京冬奥会碳减排方案的经济影响。在 $t+1$ 期，生产函数可以表示为

$$\frac{Y_{t+1} - Y_t}{Y_t} = \mathrm{A} + \alpha \frac{K_{t+1} - K_t}{K_t} + \beta \frac{L_{t+1} - L_t}{L_t} + \gamma \frac{E_{t+1} - E_t}{E_t} + \eta \qquad (5\text{-}15)$$

其中，A 为常数项；η 为随机扰动项；$\alpha \dfrac{K_{t+1} - K_t}{K_t}$ 为 $t+1$ 时期的资本增长量，α 为系数；$\beta \dfrac{L_{t+1} - L_t}{L_t}$ 为 $t+1$ 时期的劳动增长量，β 为系数；$\gamma \dfrac{E_{t+1} - E_t}{E_t}$ 为 $t+1$ 时期的二氧化碳减排增长量，γ 为系数。假设从 t 时期开始，在 $t+1$ 时期只有二氧化碳减排的增加，其他要素均保持不变，那么式（5-15）可以简化为式（5-16）：

$$\frac{Y_{t+1} - Y_t}{Y_t} = \mathrm{A} + \gamma \frac{E_{t+1} - E_t}{E_t} + \eta \qquad (5\text{-}16)$$

在式（5-16）的基础上，本节计算二氧化碳减排量对 $t+1$ 时期的生产总值的增量贡献程度，以此来衡量北京冬奥会二氧化碳减排的经济影响。具体来说，当 γ 为正时，说明北京冬奥会的减排方案对经济有正面影响，γ 越大，代表对经济的正面影响越大。反之，当 γ 为负数时，说明北京冬奥会的减排方案对经济有负面影响，γ 越大，代表对经济的负面影响越大。

5.3　北京冬奥会碳减排评估结果

本节首先计算了北京冬奥会各项低碳技术的排放量和减排量，以此论述北京冬奥会如何实现碳中和。其次，从减排成效、减排成本以及经济影响角度，对北京冬奥会的减排方案进行了评估。

5.3.1　北京冬奥会实现碳中和

表 5-2 呈现了北京冬奥会各项低碳技术的排放量和减排量。在该表中，分别

对应用在能源、场馆建筑、交通运输、赛事设备、物资和碳抵消等技术所产生的二氧化碳排放进行了测算。

表 5-2　北京冬奥会在赛事期间各项低碳技术的排放量和减排量

技术类别	技术	减排量/万吨	低碳技术的排放量/万吨	传统技术的排放量/万吨
能源	100%绿色电力	31.700	/	31.764
	光伏建筑一体化	0.064		
场馆建筑	能源智慧管控系统	1.240	65	159.320
	绿色建筑三星标准	39.538		
	BIM 建筑设计技术	0.320		
	索网结构	0.206		
	膜结构建筑	0.057		
	可降解导光管	0.001		
	使用先进除湿系统	0.048		
	使用高强钢和耐候钢	0.046		
	绿色数据中心支撑"云上冬奥"	0.033		
	改造现有场馆	23.662		
	制冷余热回收	0.067		
	绿电供热（张家口）	1.005		
交通运输	低碳道路基建技术	0.739	29.350	30.470
	100%节能与新能源赛事小客车	0.388		
赛事设备	水冰转换	0.065	0.600	4.980
	二氧化碳跨临界直冷制冰	0.571		
	R449A 制冰	0.121		
	智能化造雪	0.010		
物资	低碳办公	1.037	8.090	9.670
	废弃物处理	0.371		
	电子设备租赁	0.159		
	制服轻量化	0.007		
碳抵消	北京碳汇林	52	/	/
	张家口碳汇林	48		
	老牛冬奥碳汇林	38		
	涉奥企业自主捐赠碳配额	60		

实际总排放量=传统技术排放量−减排量−碳抵消量=−63.251

注："/"符号表示对应的低碳技术实现了零排放

在能源领域，100%绿色电力在赛事期间的二氧化碳减排量达到 31.700 万吨，而光伏建筑一体化在赛事期间则减排二氧化碳 0.064 万吨，二者都没有产生任何碳排放。在场馆建筑领域，总排量在赛事期间达到 94.320 万吨，减排贡献突出的技术是绿色建筑三星标准、改造现有场馆以及能源智慧管控系统，其减排量分别为 39.538 万吨、23.662 万吨以及 1.240 万吨。然而，可降解导光管和绿色数据中心支撑"云上冬奥"的减排贡献并不突出，在赛事期间的减排量仅为 0.001 万吨和 0.033 万吨。在交通运输领域，总减排量在赛事期间为 1.120 万吨，减排贡献较为突出的技术为低碳道路基建技术，其在赛事期间的减排量为 0.739 万吨。在赛事设备方面，总减排量在赛事期间为 4.380 万吨，减排贡献比较突出的技术是二氧化碳跨临界直冷制冰和 R449A 制冰，其在赛事期间的减排量分别为 0.571 万吨和 0.121 万吨。但是，智能化造雪的减排量仅为 0.010 万吨。在物资领域，总减排量在赛事期间达到 1.580 万吨，而低碳办公的减排贡献最为突出，为 1.037 万吨。此外，在碳抵消方面，赛事期间的总减排量为 198 万吨，减排贡献突出的技术为涉奥企业自主捐赠碳配额和北京碳汇林，二者的减排量分别为 60 万吨和 52 万吨。

5.3.2　减排成效、减排成本及经济影响最优

基于 5.2 节建立的评估指标体系，本节分别从减排成效、减排成本、经济影响等角度对北京冬奥会的二氧化碳减排方案进行了综合评估。具体评估结果可见表 5-3。

表 5-3　综合评估结果

评估领域		减排成效		减排成本		经济影响
		减排量/万吨	减碳度	边际减排成本/（亿元/吨）	总减排成本/（亿元/吨）	产出弹性
整体		299.455	0.289	0.658	7.607	0.002
能源		31.764	1	/	/	
场馆建筑		66.223	0.402	0.487	9.972	
交通运输		1.127	0.024	0.976	0.013	
赛事设备		0.767	0.426	0.445	0.397	
物资		1.574	0.387	0.510	0.445	
碳抵消	碳汇林	138	1	/	/	
	涉奥企业自主捐赠碳配额	60	1	/	/	

注："/"符号表示对应的低碳技术没有产生碳排放，而计算减排成本需要使用二氧化碳排放量数据

表 5-3 呈现了北京冬奥会碳减排方案的综合评估结果。在评估中，本节选取了北京冬奥组委公布的二氧化碳排放量，北京理工大学能源与环境政策研究中心测算的二氧化碳排放量，以及国家统计局公布的北京市和张家口市的经济产出水平数据。从表 5-3 的评估结果来看，北京冬奥会减排方案在赛事期间的总减排量为 299.455 万吨。此外，结合表 5-2 可知，在实施了北京冬奥会的减排方案之后，赛事期间的实际排放量为–63.251 万吨，这一结果说明北京冬奥会实现了碳中和。北京冬奥会减排方案的总减碳度为 0.289，依据减碳度的数学定义，这一结果意味

着北京冬奥会的减碳方案实施之后，在赛事期间减少的二氧化碳占二氧化碳总排放量的 28.9%。

分类别来看，在赛事期间减排成效最好的为能源、场馆建筑以及碳抵消，减排量分别为 31.764 万吨、66.223 万吨以及 198 万吨。在这三者之中，减碳度最好的是能源和碳抵消，减碳度都达到 1，这意味着实现了零排放。然而，场馆建筑领域的减碳度为 0.402，意味着场馆建筑领域的减排量占总排放量的 40.2%。赛事设备和物资领域在赛事期间的减碳度分别为 0.426 和 0.387。值得注意的是，交通运输领域的减排成效不明显，在赛事期间的减排量仅为 1.127 万吨，减碳度仅为 0.024，意味着减排量只占据总排放量的 2.4%。

从减排成本的评估结果来看，北京冬奥会整体减排方案在赛事期间的边际减排成本为 0.658 亿元/吨，意味着每多减排一吨二氧化碳带来 0.658 亿元的成本。更为重要的是，在赛事期间的总减排成本仅为 7.607 亿元/吨，明显低于朱淑瑛等[16]所评估的整个中国水泥行业每年 10.3 亿元/吨的总减排成本。北京冬奥会的整体二氧化碳减排方案具有总成本低廉的特点。在赛事期间的边际减排成本较低的为场馆建筑和赛事设备领域，分别为 0.487 亿元/吨和 0.445 亿元/吨。在赛事期间，交通运输领域的总减排成本虽仅为 0.013 亿元/吨，但其边际减排成本却达到 0.976 亿元/吨，意味着每多减排 1 吨二氧化碳则带来 0.976 亿元的成本，这一定程度上为交通运输领域仅减排 1.127 万吨的二氧化碳的结果提供了解释。

相较于其他领域，场馆建筑领域在赛事期间的总减排成本最高，总减排成本为 9.972 亿元/吨。赛事设备以及物资领域在赛事期间的总减排成本较为接近，分别为 0.397 亿元/吨和 0.445 亿元/吨。从碳减排经济影响的结果来看，二氧化碳减排在筹备阶段的产出弹性为 0.002。正的产出弹性意味着，北京冬奥会的减排方案对北京市和张家口市的经济产出水平具有正向影响，二氧化碳每减排一个单位，北京市和张家口市的经济产出水平则向上增长 0.002 个单位。

本章从碳减排技术综合评估方法、北京冬奥会碳减排综合评估指标体系和北京冬奥会碳减排评估结果三个方面展开研究。在碳减排技术综合评估方法方面，本章对现存与大型项目和大型活动有关的碳减排评估指标体系有关的文献进行了系统梳理和评述。通过对已有研究的回顾，指出了建立评估指标体系时需要遵守的原则。具体来说，建立评估指标体系应该遵守的原则包括：简洁性、独立性、代表性、差异性以及可行性。基于这些原则，本章建立了以减排成效、减排成本和经济影响等为主的碳减排综合评估指标体系，该体系需要用碳排放量、减排量以及举办地点的生产产出数据就可以进行评估，符合指标体系建立的原则。这一体系对北京冬奥会的能源、场馆建筑、交通运输、赛事设备、物资以及碳抵消等领域的低碳技术进行了评估。减排成效评估了各项低碳技术的减排量和减碳度，而减排成本则评估了低碳技术的边际减排成本和总减排成本。此外，这个体系还从产出弹性角度评价了低碳技术的经济影响。

　　本章利用上述碳减排综合评估体系测算了北京冬奥会各项低碳技术在赛事期间的排放量和减排量。在测算中，能源、场馆建筑、交通运输、赛事设备、物资以及碳抵消等领域的技术都达到了很好的节能减排效果。以能源和场馆建筑领域为例，北京冬奥会推行了 100%绿色电力和光伏建筑一体化技术，这些技术在赛事期间都实现了零排放。在赛事期间，能源智慧管控系统、绿色建筑三星标准和 BIM 建筑设计技术等多项技术的实施仅产生了 65 万吨排放量，远远低于使用传统技术所产生的 159.320 万吨排放量。从减排成本角度来看，北京冬奥会的碳减排方案在赛事期间所带来的边际成本和总成本都十分低廉。以交通运输、赛事设备和物资领域为例，这些领域在赛事期间的边际减排成本和总减排成本都低于 1 亿元/吨。北京冬奥会的减排方案在筹办阶段所带来的产出弹性为正，意味着没有使举办地点的经济产出水平下降，反而推动了经济产出水平的上升。北京冬奥会的减排方案产生了积极、正面的经济影响。

　　无论从减排成效、减排成本还是从经济影响角度来看，北京冬奥会的二氧化碳减排方案都值得今后其他大型活动借鉴。因此，北京冬奥会的二氧化碳减排方案兑现了办赛之初对国际社会做出的"绿色办奥"的庄严承诺，打造了首个真正实现"碳中和"目标的奥运会，中国向世界交出了完美答卷。

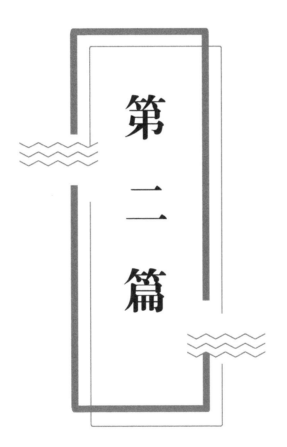

第
二
篇

第6章 大型体育赛事对区域协同发展的影响

大型体育赛事不仅对举办地的发展有明显的促进作用，对推动区域协同发展也具有显著作用。本章从大型体育赛事出发，首先介绍了大型体育赛事的典型特征，其次从区域间的协同发展以及对环境、经济、社会三个维度的影响出发，阐述了大型体育赛事对办赛城市及周边地区的影响，最后，以 2008 年北京奥运会和 2010 年温哥华冬奥会为典型案例，介绍了典型奥运赛事对区域协同发展的影响。

6.1 大型体育赛事的典型特征

从体育赛事的发展历史来看，体育赛事的出现与运动竞赛有着密切的关系。体育赛事概念是从运动竞赛的概念演变而来的。随着体育竞赛规模的不断扩大，商业化运作的逐步加深，运动竞赛活动的内涵和外延都发生了很大的变化。运动竞赛再也不是单纯由运动员、裁判员参与的竞技活动，而成为观众、媒体、赞助商、组织者等众多主体共同参与的集商业、文化、娱乐、竞赛等众多活动于一体的复杂的、综合性盛会。在此过程中，体育竞赛项目化的发展越发明显，很多学者便从项目管理的角度对其进行定义，称其为体育赛事。大型体育赛事作为体育赛事的一种，是按照规模和水平标准分类后产生的一种特殊形式。

一般而言，若体育赛事具有参与的人数多、竞技水平高、运作周期长、成本的投入大、赛事管理复杂、影响程度高等特点，即可被称为大型体育赛事。

6.1.1 竞技水平顶尖、媒体广泛关注

大型体育赛事可简单地分为两种：综合大型体育赛事和单项类大型体育赛事。综合大型体育赛事包含项目较多，覆盖范围广，如奥运会、亚运会、冬奥会等，单项类大型体育赛事，以单项运动为主体，如国际足联世界杯、世界乒乓球锦标赛等。无论是综合大型体育赛事还是单项类大型体育赛事，都汇集了世界上最顶尖的运动员，他们在不同的项目中展现自己的竞技水平，挑战自己的极限，2020 年东京奥运会，共设 33 个大项、339 个小项的比赛，参赛者刷新了 23 项世界纪录，足以说明大型体育赛事的竞技水平。此外，大型体育赛事得到了媒体的广泛关注，大型体育赛事通过媒体的传播力量来宣传自己，提高影响力，大型体育赛事举办过程中，媒体通过电视、报纸、公众号、网站等多种形式大量报道赛事的相关情况，北京冬奥会举办期间，来自全球的 18 家转播机构，代表 60 多家电视

台向全世界 200 多个国家和地区转播了北京冬奥会的盛况，1.5 万媒体人报道了北京冬奥会，创造了冬奥会的历史之最。

6.1.2　参与人数多，运作周期长

在大型体育赛事活动举办期间，旅游人数大量增加。例如，在奥运会期间，除众多的运动员、教练员以及随队工作人员和记者外，还有大量的观众参与。资料显示，洛杉矶、首尔、巴塞罗那、亚特兰大在奥运会期间，入境的游客分别达到了 22.5 万人次、22 万人次、35 万人次、29 万人次。此外，大型体育赛事的运作周期较长，如北京 2008 年奥运会，从 2001 年申办成功后，就一直在开展筹备工作，而北京冬奥会也是在 2015 年申办成功后，就开始了长达 7 年的筹备工作，大型体育赛事活动在筹备时期和举办时期，都会对办赛城市以及周边地区的环境、经济、社会等方面造成一定的影响。

6.1.3　经济效益明显，环境影响显著

游客的到来大幅增加了旅游业的外汇收入并创造了一些商机。同时，大型体育赛事的举办也增加了大量的就业机会。在筹办奥运会和世界杯等大型体育赛事的过程中，各种体育、交通、通信、服务等设施的营建需要投入人力以及物力，因此，均在一定程度上缓解了举办国，特别是举办城市失业人口的压力。但区域人口的聚集在过度消耗新鲜空气的同时，也产生了大量的二氧化碳；赛事期间由于城市人口急剧增加，在给城市交通造成压力的同时，汽车排放尾气中的有害气体也对大气造成了污染。同时场馆建设也会对当地生态造成一定的影响，如在平昌冬奥会前，为了清理出高山滑雪的比赛场地，多种珍稀物种，包括超过 500 年的树木都被砍伐一空。

6.1.4　提升城市精神文明，展现城市文化底蕴

大型体育赛事是提升城市精神文明的重要途径，在举办过程中市民的价值观念会有所提升，此外，城市的市民自豪感与社区精神也会相应地提升。在大型体育赛事举办的过程中，为举办地提供了不同的价值，如直接增强了城市市民的自豪感与社区精神。在大型体育赛事的开展过程中，也相应地增强了市民的健康意识，让人民群众可以积极地参与各种类型的体育活动，以此为社会的健康稳定发展创造更多的价值与意义。同时，大型赛事的举办能够展现城市的文化底蕴，参加 2008 年北京奥运会的国家和地区有 204 个，这有助于对举办城市的宣传和提高其国际影响力。举办地可以借助举办大型赛事提高城市的知名度，这对今后举办

城市的发展和建设都有很大的推动作用。

在全球化背景下，大型体育赛事活动已经成为提升城市形象和城市竞争力，推动城市发展的有效途径。赛事不仅对举办地发展有明显的正向促进作用，在促进区域协同发展方面也具有显著作用。

6.2　大型体育赛事对办赛城市及周边地区的影响

6.2.1　以举办地为中心，辐射周围区域

大型体育赛事对区域协同发展的影响，主要是以举办地为中心，对周边区域甚至国家产生"辐射效应"。很多学者针对大型体育赛事对举办城市发展影响进行了研究，这些大型体育赛事包括马拉松赛事、亚运会、奥运会等。据统计，2009年上海大师杯包括赞助、门票和电视转播等的收入共计 7586 万元，赛事对举办地城市经济的拉动作用非常明显[27]。同时，也有实证结果发现马拉松赛事在一般意义上能够推动城市经济发展[28]。有学者采用收集历届奥运会经济数据的方法，就国际体育赛事对举办城市旅游经济的影响进行了实证分析，研究结果表明：国际大型体育赛事对经济发展有着拉动作用[29]。数据表明广州在筹备亚运会期间政府共投资了 15 亿元用于污水治理、绿化等城市环境建设，相关数据显示，亚运会期间广州城市污水处理率达 86%，空气质量优良天数占比达到了 96%[30]。大型体育赛事可分为申办前、筹备以及举办三个阶段，在申办前城市会加大对城市生态环境的自检和集中治理力度，改善空气质量；赛事筹备时政府会向民众宣传生态环保理念；举办过程中倡导民众"绿色出行"进行环保宣传[31]。大型体育赛事对举办城市文明具有积极影响，研究发现举办大型体育赛事使得城市社会公德提高，市民行为举止更加文明礼貌，市民与政府沟通更加方便等[32]。同时，大型体育赛事的举办对举办城市的环境具有负面影响：筹备期间场馆的建设消耗大量的城市非可再生资源和自然资源；举办期间大量外来人口的涌入，导致产生大量的废物、废气和废水等；赛后对体育场馆和基础设施维护过程中，一些特殊性建筑很难进行再度开发和利用，造成场馆和土地资源的浪费等[33]。

大型体育赛事不仅对举办城市有影响，更为重要的是，对举办地周围地区乃至所在国家都具有辐射作用，促进和推动了区域的协同发展。以协同理论为支撑，有关京津冀举办的大型体育赛事的研究表明：北京、天津、河北体育赛事子系统有序度水平发展不均衡、水平较弱，河北体育赛事子系统有序度水平略高于北京、天津地区。当前，京津冀体育赛事整体处于弱协同发展状态，体育赛事协同发展水平程度较低，协同发展水平有待进一步提高[34]。体育赛事与区域间发展的影响关系密切，数据显示，自 2001 年申奥成功以后，北京对奥运会的筹备投资逐年增

加，2005 年的投资增长比甚至达到了 57%，奥运会的成功申办极大地带动了北京的投资力度，促进了京津冀的经济协同发展[35]。有学者采用哈肯的协同理论对 2022 年冬奥会背景下京津冀大众滑雪赛事协同发展的政策、组织架构、赛事体系等方面进行了深入研究，认为京津冀大众滑雪赛事协同发展应明确赛事协同发展的目标，建立健全赛事协同发展组织架构与运行机制[36]。哈肯的协同理论认为千差万别的系统属性不同，但在整个环境中各个系统相互协作，形成有序的共同体，最终达到"1+1＞2"的效果[37]。协同理论是系统科学理论的重要分支，解释了当复杂系统不断与外界环境进行多层次能量和信息交换时，子系统如何自发合作，明确共同发展目标，如何协调系统内部要素，在时间、空间和功能上自发形成有序结构；强调了复杂系统内的各子系统在协同发展过程中并非简单到复杂、无序到有序的线性上升，而是具有一种近似螺旋上升的趋势，逐步发展到相对稳定的"组织化"状态。一个大型体育赛事是由多个不同功能的子系统、层级和要素组成的复杂系统，子系统存在不同的资源要素、利益目标，使得大型体育赛事的发展呈现无序状。一个大型体育赛事的协同发展是将举办地周围乃至举办地所在国家的资源有机整合起来，形成一个具有共同发展理念的自组织系统，通过自组织和他组织、确定性和随机性有机结合的方式，推动大型体育赛事从无序状态走向有序状态的过程[38]。

6.2.2　对经济、环境、社会影响复杂

大型体育赛事的举办会给经济、环境以及社会维度带来各种影响，其影响依托于举办地，最终通过举办地各项要素的变动展现出来。当前大型体育赛事的作用通常体现为对举办地的经济、环境以及社会的影响。

（1）大型体育赛事对经济的影响。举办大型体育赛事对于经济的影响往往较为显著。综合国内国外的研究，大型体育赛事对经济的影响大致可分为两类。一类研究将举办地或举办国家整体作为研究对象，探究大型体育赛事对当地的经济影响。有学者通过评估美国洛杉矶奥运会对于美国经济的影响发现，举办奥运会给美国带来 23 亿美元的收入[39-40]；美国橄榄球联合会评估了橄榄球超级碗比赛对于美国经济的影响，发现其可带来 3 亿～4 亿美元的收入[41]；在伦敦奥运会举办前，有学者构建了 CGE（computable general equilibrium，可计算一般均衡）模型预测伦敦 2012 年举办奥运会和残奥会的经济影响，预测结果表明举办奥运会将给伦敦带来净收益[42]；有学者应用 CGE 模型预测了北京奥运会对于北京及国内其他地区经济的影响，发现对于北京市的经济影响较为明显，但仍需采取措施引导加强[43]；尽管大型体育赛事比赛规模较大、观众较多，但其对主办城市的收入影响较小[44]；大型体育赛事创造的总产出影响最大的是住宿业和交通运输业；大型

体育赛事对经济的影响可分为直接影响、间接影响和引致影响[45]，市场化水平、开放度、新型工业化进程和可持续发展是分析体育赛事的举办如何为举办城市带来经济效益的四个角度；信息不对称会造成"赢者诅咒"现象[46]，大型体育赛事的成本被低估给城市带来了严重的经济负担；有学者借助问卷调查法收集相关赛事数据，并基于投入产出模型分析了南京马拉松赛事经济，发现赛事所带来的产出效应、所得效应和产出乘数提升效果不明显[47]。另一类研究聚焦于研究举办大型赛事对于不同地区经济的影响，研究发现大型体育赛事对不同国家的经济影响不同，在发展中国家产生的经济回报率低于发达国家的经济回报率[48]；慕尼黑奥运会的成功举办对慕尼黑和德国境内其他地区的收入及就业的影响显著，即奥运会承办地区区域经济增长明显[49]。

（2）大型体育赛事对社会的影响。大型体育赛事对城市发展的影响不仅仅局限在经济维度，而且对社会发展也有着重要作用。在城市形象和文化交流方面，大型体育赛事为举办地区向全球宣传城市的独特形象提供了一个难得的机遇，并且可以巩固该举办城市在全球城市中的政治地位[50]。韩国举办世界杯前后居民对赛事的认知发生了变化，举办后文化交流、自然资源和文化发展等都有所提高[51]。举办大型活动往往会新建许多场馆，场馆在会后被改造为展览馆或博物馆，永久性地向大众展示举办地或国家的文化及公共教育[52]。在社会安保方面，举办大型体育赛事可以提高安保预防思维，在奥运会举办时期城市安保工作所需资金增加，安保力度会加大[53]。在社会责任与社会治理方面，有学者研究了大型赛事的跨国舆论与跨国治理，研究发现 2008 年北京奥运会的公共治理潜力较高，承担了较高的社会责任[54]。举办大型体育赛事可以培养社会价值，培养交流意识，并解决社会问题[55]。在社会安定等方面，举办体育赛事可以提高社会认同感，通过让少数民族参与活动，促进民族团结[56]。也有研究探讨了大型体育赛事可能存在的对城市社会发展的负面影响，如举办短期的、一次性的大型体育赛事并不能促进城市社会的可持续发展[57]；举办大型体育赛事在引导城市规划时，可能牺牲了某些低收入群体的社会利益[58]。在举办大型活动后期，遗留的社会遗产也存在负面情况。举办大型体育赛事后社会遗产存在不公平的分配问题，如在住房方面，新的住房成本增加了居民的负担[59]。

（3）大型体育赛事对环境的影响。大型体育赛事对于环境的影响早已反映在奥运会中，由于管控措施的存在，2008 年北京奥运会筹备期间，北京年平均 PM_{10} 浓度下降了 18%，奥运会举办期间年平均 PM_{10} 浓度下降尤其明显[60]。这表明，举办大型体育赛事提升了举办城市短期内的环境水平。此外，也有研究发现大型体育赛事能够提高居民环保意识，是推动城市走向可持续生活的一把杠杆，在世界杯举办后，韩国居民的环保意识有了明显提高。举办马拉松赛事等大型体育赛事提高了社会居民强身健体意识，提升了城市环境绿化水平。但是，体育赛事对环境的负外部性影响逐渐引起了学界的广泛关注,越来越多的研究表明大型体育赛事对环境存在负面影响,冬季运动、旅游和经济开发可能会导致环境破坏[61]。1992 年,联合国环境与发展大会通过了《里约环境与发展宣言》,开始注重举办奥运会所引发的环境问题,有学者分析 1992 年法国阿尔贝维尔冬奥会的环境影响发现,冬奥会所带来的环境效益可以作用于更大规模的区域,但却由于举办地承受了环境损失成本,举办活动过程可能会带来较大的能源和资源消耗,从而产生一定的环境污染[62-63]。体育场馆等基础设施建设也会对自然环境产生一定的破坏。2010 年温哥华冬奥会所谓“有史以来最环保的奥运”一说是存疑的,尽管温哥华冬奥会在绿色方面取得了一些积极进展,但奥运会期间温室气体排放量激增,公路和场馆的扩建导致了濒危物种危机[64]。2012 年伦敦奥运会在场馆建筑材料上采用了很多新的环保理念,伦敦奥运会的可拆卸绿色化建筑材料的选择比率远超往届奥运会。《奥林匹克宪章》中鼓励奥林匹克运动对环境问题的认真关注并采取措施,教育一切与奥林匹克运动有关的人认识到可持续发展的重要性,随后的历届奥运会也逐渐将“绿色”这一主题体现在赛事活动中。2014 年国际奥委会提出《奥林匹克 2020 议程》,形成了 40 条改革建议。国际奥委会执行委员会于 2020 年 3 月决定,2030 年之后促使奥运会成为气候友好型活动,大型体育赛事会逐渐推动环境的改善,成为可持续发展的助推器。

6.3　典型奥运赛事对区域协同发展的影响

奥运会作为大型体育赛事的组成部分,具有代表意义。2008 年北京奥运会有效地促进了京津冀地区的协同发展;2010 年温哥华冬奥会对举办地温哥华以及周边城市的环境、经济、社会影响较大。因此,选择 2008 年北京奥运会和 2010 年温哥华冬奥会作为往届奥运赛事对区域协同发展影响的典型案例。

6.3.1　2008 年北京奥运会对区域协同发展的影响

2008 年北京奥运会,是我国京津冀地区“十一五”期间承办的一项全球性大型体育赛事活动。其形成的以北京为中心,辐射天津、河北等地区的合作网络,对该区域的协同发展产生了很大的影响。2008 年奥运会的成功举办成为京津冀经济圈重要的增长引擎之一。2003~2008 年北京奥运会投资产生的乘数效应,对北京地区生产总值直接经济拉动 1499 亿元,间接拉动 794 亿元。奥运会强有力的经济拉动,使北京成为京津冀地区技术创新能力最为突出、产业和企业更加集中、第三产业较为完善的增长极,并通过扩散效应,对其周围广大地区的经济产生了较强的辐射力,将中心城市的发展势头通过技术、组织管理、生产要素、市场、信息等渠道向周围地区扩散,从而带动京津冀地区经济的快速发展,促进了区域间的经济协同发展。因举办奥运会而进行的大规模环境治理和对北京、天津、秦皇岛等城市以及周边地区的基础建设的新建与改建工程，使京津冀地区"天更蓝、水更清、行更畅、居更宜"，为了将赛事具体承办地——北京、天津、秦皇岛等地在空间上连成一片，以"两轴两带多中心"为依据，投资近百亿元建成铁路专线，实现了公交一体化，为三地对接留出了发展的结合点和建设接口，进一步促进了区域间的环境和社会协同。为了确保 2008 年奥运会的顺利筹办，中国建造了奥林匹克森林公园以及将举办奥运会赛事的 37 个体育场馆，其中包括北京的 32座建筑（19 座新建和 13 座翻新）以及中国其他五个城市的场馆——青岛奥林匹克帆船中心和天津、秦皇岛、沈阳和上海的足球场，促进了区域间体育赛事的协同发展。

6.3.2　2010 年温哥华冬奥会对区域协同发展的影响

2010 年，由于温哥华冬奥会的成功举办，加拿大不列颠哥伦比亚省的经济增长明显。除经济效益外，加拿大在环境治理与社会文化协同发展等领域也受到了积极的影响。2010 年不列颠哥伦比亚省新建企业和访客支出的增加均与奥运会有关，不仅促进了场馆运营等与奥运会直接相关行业的发展，还创造了酒店、餐厅等间接相关的行业和工作岗位。2010 年，因为冬奥会的成功举办，酒店住宿成本和房地产价格上涨；旅游业、机场交通（旅客和货运）和游客花费在奥运会前后出现暴涨。奥运会期间的报告保守估计，公共部门至少受益 5000 万美元。在环境方面，自 2005 年以来，与奥运会相关的温室气体排放量逐年增加，与冬奥会筹办期间相比，奥运会举办期间的温室气体排放量增加了 8 倍，这主要归因于往返温哥华及其周边地区的交通问题。在奥运会举办期间，用于场馆运营的能源消耗中，化石燃料和可再生能源的比例几乎是相等的。大部分能源（80%）用于场馆和设施。在社会文化方面，残奥会前后进行的民意调查数据显示，奥运会提高了公众对残疾人的认识；市、省和联邦政府推出了利用奥运会的政策和项目，这激发了加拿大市民参与运动健身的热情。

第 7 章　大型赛事综合影响评估方法

为了探究大型赛事产生影响的内在原因与运作机制，需要给出对应的评估体系与评估方法。本章通过梳理理论机制，建立具体的指标体系表征区域发展状况，并选取适当的评估方法，具体讨论大型赛事的综合影响。

其中，考虑到奥运会作为大型赛事的典型代表，以奥运会为研究主体，结合社会–经济–环境指标体系，对奥运会的综合影响进行评估。北京冬奥会作为首个实现循环办奥的奥运会，且北京（京津冀地区）短时间间隔下同时承办了冬奥会与夏奥会，具备很高的研究价值。因此，在针对奥运会本身的可持续办奥要求与奥运会衍生效应对举办区域带动作用两个研究问题的基础上，展开对北京冬奥会综合影响的评估，从历届奥运会的举办经验入手，寻找最优办奥模式，通过对比分析评价北京冬奥会办奥情况，而后将视角转移到北京冬奥会对京津冀地区的短期影响上，评价其对京津冀地区协同可持续发展的影响，最后放宽时间尺度，对冬奥会的长期效应展开探讨。最终形成如图 7-1 所示的研究路线，根据研究路线展开后续对北京冬奥会综合影响的探讨。

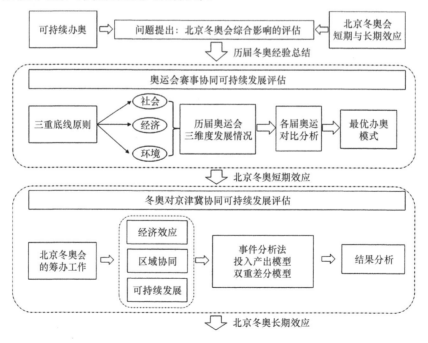

图 7-1　冬奥对京津冀协同可持续发展影响评估

7.1　大型赛事综合影响的作用机制

为进一步对大型赛事的综合影响展开评估，需要厘清大型赛事产生影响的具体作用路径与理论机制，确定大型体育赛事的影响因素。

7.1.1　大型赛事的经济、社会与环境责任

大型赛事是否成功不仅仅由经济效应决定。根据 1997 年英国学者约翰·埃尔金顿提出的三重底线（triple bottom line，TBL）的概念，在责任领域，任何主体进行活动时所担负的责任可以分为经济责任、环境责任和社会责任[65-66]。其中，经济责任也就是传统认知下的责任，主要体现为提高经济收入、提供就业机会和对资金流量的扩张；环境责任就是环境保护；社会责任就是对于社会其他利益相关方的责任。之所以要引入三重底线的概念，是因为对于活动主体而言，只有真正被纳入到收益与责任尺度进行考量的活动内容才会真正被活动主体重视。如果始终将社会维度与环境维度排除在规划之外，活动主体很可能会以损害社会与环境维度的代价换取经济利益。在越发强调可持续发展概念的背景下，单单具有经济维度的收益已经不是最优的活动路径，同时承担社会责任与环境责任，实现三个维度的同时发展才是活动主体的最优方案。

大型赛事作为一种大范围调动社会资源进行的活动，在进行对应的责任实践时必须履行上述三个领域的责任，这就是大型赛事责任相关的三重底线理论。因此，探究一项大型赛事对举办区域的影响应当依据三重底线模型从经济、社会与环境三个角度入手，而大型赛事是否成功，也应当从赛事承担以上三种责任的程度来考察。

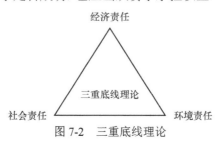

图 7-2　三重底线理论

因此，在探讨某个特定的大型赛事对区域产生的影响与效应之前，应当首先引入三重底线理论，明确大型赛事对经济维度、社会维度以及环境维度产生作用的普遍规律，再探究各个维度下，特定的大型赛事承担责任的具体方式，分析特定的大型赛事最终对具体区域产生的影响和效应。

7.1.2　赛事影响力对社会维度产生影响

在社会维度上，大型体育赛事主要对举办地的社会治安、居民生活稳定、文化传播、公众支持度、政策方针以及公众需求产生影响。

对于社会治安，奥运会的举办往往伴随着一些重建社区与环境的承诺（涉及空间净化论），同时作为大型国际活动，奥运会的相关人员数量庞大，社会影响力强，因而对治安有着更强的要求，各个举办地往往会临时增设一些治安岗位，拟定更具有针对性的安保计划，甚至是一些强制性的驱逐措施来控制犯罪率，维护高治安水平[67]；奥运会也会专门拨款设立相应的治安资金，有时甚至资金量会超过奥林匹克场馆建设[68]。

在居民生活稳定方面，奥运会考虑到安全因素、经济因素以及公共设施规划问题，会在奥运会临近时大幅提高港口停泊费用以保证水质[69]。

在文化传播层面上，无论是通过媒体大量的报道还是赛事转播的高收视率，都能高效地完成举办地文化传播的任务，同时提高城市的"硬品牌效应"[70-71]。

在公众支持度问题上，奥运会的举办对于当地居民来说有着一些心理与精神层面的意义。奥林匹克精神所带来的和谐与平等理念能够促进举办地中不同背景的居民融合与协作，消除人们之间的差异与误解，强有力地减少歧视问题；同时，运动是表征健康的符号，重在参与的奥林匹克精神也让更多人开始加入相应的运动项目中。此外，奥运会期间，群体化带来的个人心理上的团体感更为强烈[72]。并且，奥运会不分国界，不分民族，倡导世界团结，赋予人人平等的权利。当然，就业拉升不力，奥运资源分配不均，乃至对运动项目的不满也会致使人们对奥运会举办持一定的反对态度。人们对这类奥运会社会效应的期待最终映射在了民众对奥运会的支持率上。

在政策方针方面，奥运会事实上目前已经完全与公共政策融为一体，举办地的奥运相关活动大多依托于政策或政府措施来完成，这意味着奥运会的举办必然伴随着新政策的出台以及现有政策的调整和修改[73]，如在奥运安保问题上，奥运会会制定一些短期性的高强度治安法，用于防范包括恐怖袭击、人群暴动等潜在安全风险[74]。

在公众需求的层面上，短期内举办的一次性体育赛事通常被认为无法为城市与城市内社区提供长期的可持续性。但事实上，体育赛事依靠其自身影响力可以在社会层面为城市与城市内的社区带来积极影响[75-76]。首先，奥运会强调的奥运理念倡导平等团结，并且主张积极进取的体育精神，这可以提升区域内的集体感与团结度，并且激励人们奋进。其次，残奥会为残疾人群体带去了重要的关注度，能够提高公众对残疾的认知，使公众更加了解残疾人生活中努力积极的一面。再次，奥运会能够通过提供一些短期就业机会以及志愿工作岗位，让更多人参与到体育运动中，调动大众积极性，潜在影响公众的健康水平[77]。最后，奥运会可以在社会理念上改变，引导人们担负社会责任，在个体权利以外更加注重群体福祉[78]。

7.1.3　赛事收益对经济维度产生影响

在经济维度，大型体育赛事通过财政预算、运动相关支出、地区收入、就业、游客人数以及场馆的继续应用六个方面对举办地产生影响。

在财政预算角度，每届奥运会无论是直接成本还是体育相关支出往往会大幅超出预算，间接损害国家经济稳定，可能会削弱经济可持续性。奥运会的超支是所有大型项目中最严重的，同时存在愈发极端的可能性，即尾部小概率事件反复发生[79]。

在运动相关支出方面，关于运动员以及运动项目的相关支出是数量相当大的支出，其占据公共资金的份额越大，就会衍生出更强的超支可能，带来更高的经济负担[80]。

在地区收入上，奥运会应当能够直接或间接地为举办国带来大于举办成本的经济收入，这些收入可能是显性的，也可能是隐性的，包括门票、电视转播权、广告等直接收入，也包括奥运会所带来的举办地形象效应的提升，城市基础设施升级后城市发展能力的提高所带来的经济提升[81]。

在就业方面，奥运会的举办应当会对举办地的就业产生一定的拉升作用；而对于举办地而言，奥运会带来的就业影响应当是通过奥运会前后就业率的差值或者本次奥运会所提供的新的就业机会数量来体现的。

在游客人数方面，奥运会理论上会为当地旅游业带来可观的增幅，奥运会基本要求主办城市至少有 40 000 间酒店房间可供观众使用，对住宿业产值会有较强的带动能力；奥运会的举办可以增强举办地的游客吸引力，相应可以获取一定的旅游红利，短期增加游客人数[80]。

在场馆的继续应用问题上，奥运会建设的场馆等基础设施拥有较强的经济潜力，相应的场馆能够提升所在地的游客吸引力，增强地标效应，间接对当地的经济发展产生拉升作用；奥运会的场馆能够形成地标，塑造品牌效应；赛事设施的建设也许是最持久和最明显的遗产。

7.1.4　可持续发展理念对环境维度产生影响

大型体育赛事对举办地的环境影响主要体现在以下方面。

在新建场馆方面，由于讨论建筑的可持续性的大前提是当前建筑行业的可持续发展已经成为可持续发展研究中的前沿话题与优先事项，如果建筑行业支持可持续发展，就可以极大地保护环境。具体到奥运会本身，新建的场馆和建筑从自身使用的材料到土地的利用都会对环境产生相应的影响，因此未充分利用的新建体育场馆和设施的遗留问题以及资源与能源密集型的新场馆建筑项目，都会损害奥运会的环境效益[81]，如 1992 年的阿尔贝维尔冬奥会开辟北欧滑雪道、雪橇跑道和其他奥运场馆，造成了广泛的环境退化。

在奥运整体战略发展方针方面，奥运会的可持续发展理念提出之后，奥运会举办全程需要践行低碳理念已经是统一的认知[80]，如里约热内卢申办奥运会时强调了改善空气质量，减少排放的提议；温哥华冬奥会号称是史上最绿色的奥运会，但是温哥华冬奥会期间温室气体排放也有所增加；北京奥运会通过实行一些短期和长期举措，修建新的公共交通线路，提高车辆排放标准，进行减排，使得奥运会期间的温室气体排放量降低，但由于奥运会后短期措施被立刻解除，北京奥运会的生态价值尽管已达到历史新高，但在可持续性上仍有进一步的提升空间。

从水体质量角度来说，由于奥运会会涉及许多水上项目，且运动员、观众以及当地居民都会面临清洁用水问题，各届奥运会举办地往往会制定一些净水承诺，如伦敦奥运会在临近比赛时短期内大幅提高港口停泊费用；里约热内卢奥运会承诺解决国内清洁用水问题并对水上项目举办场地所在的水域进行净化；中国政府建造了许多污水处理厂，并制定了节水措施，还在奥运会开始前搬迁了大约 200 个污染行业，极大地提高了水资源质量。

在参奥团队规模与奥运人员碳足迹方面，奥运会参与人员（包括运动员、观众等群体）的行动（交通、消费等各种行为）会对举办地的环境产生影响，从总量上来说，越多的人参与到奥运会当中对当地环境的影响力越强[77]。

在植被铺设环节，由于植被的固碳能力，增加铺设植被可以起到保护环境的作用，如里约热内卢奥运会承诺到 2016 年种植 2400 万棵树，用于改善生态，保护环境[80]。

7.1.5　社会–经济–环境协同发展

大型赛事除了分别对社会、经济、环境三个维度产生影响，其各个维度之间也存在着协同关系[77]。

对于奥运会的可持续发展的核心目标来说，它是一种总体伦理，是"在任何地方和任何时候为每个人提供各自在社会过上有尊严的生活的机会"。因此，奥运会的可持续发展意味着更高的生活质量、社会凝聚力、充分参与和健康的环境。这四个主要问题产生的三个核心要求包括环境要求（长期保护全球环境）、社会要求（在不同种族、国家、性别和社会群体之间实现公平和加强社会凝聚力）和体制要求（确保参与政治决策，以及鼓励参与和平处理冲突）。基于以上《奥林匹克宪章》传达的精神可以发现，对于奥运会而言，实现可持续发展办奥，并不仅仅是面临单一维度的问题，而是面临更为复杂的多元问题。任何一个角度没有得到妥善解决都可能导致可持续办奥、绿色办奥等愿景破灭。因此，在实现奥运可持续发展过程中，需要有全局视角，对包括经济、环境以及社会的全部问题展开设想与探讨，而由此也会衍生出相应的效率问题，即如何能够最高效地实现三个维度的可持续发展。

在解决多目标共同发展的效率问题时，通常会从协同视角考虑。协同理论主要研究远离平衡态的开放系统在与外界有物质或能量交换的情况下，如何通过自己内部协同作用，自发地出现时间、空间和功能上的有序结构。它着重探讨各种系统从无序变为有序时的相似性。总体来看，协同理论一方面研究的对象是总系统下许多子系统的联合作用，明确这种作用所产生的功能；另一方面，协同理论通常需要融合许多不同的学科的知识，进而来发现各个子系统协同运转的一般原理。

因此，通过协同理论，拆解各个发展维度内部的逻辑关系，可以识别维度之间的互动关系，探讨更为高效的奥运会可持续发展路径。

7.2　基于社会、经济、环境三维度的指标体系设置

由于大型体育赛事举办所产生的影响会在举办地呈现，研究主要选取举办地指标作为反映大型体育赛事影响的主体。

为了更好地确定怎样的行动与政策可以带来正向影响，可以对过往赛事进行总结，得出经验。聚焦到北京冬奥会，一方面可以根据北京冬奥会筹办期所制定的政策与采取的行动对北京冬奥会筹办期带来的影响进行评估，另一方面可以综合北京冬奥会与过往历届奥运会，得出指导经验，为未来的奥运运行提出建议。

由此可见，针对奥运会的研究仍然很有意义，但评估一个奥运会是否正在走向良性发展仍然是针对奥运会进行研究的最大挑战。走向良性发展的奥运会战略必须基于良好的科学和充分的信息。因此，需要关于环境、社会和经济因素的信息，根据过往研究，可以通过引入指标体系的方式将以上三种因素纳入对奥运会进行具体评估的框架中。

7.2.1　社会、经济、环境三维度指标体系设置原则

为建立一套客观、全面的大型赛事影响综合评估体系，本章依照以下五个原则编制社会–经济–环境指标体系。

（1）系统性原则。大型赛事需要调动大量的社会资源，涉及各行各业，多个方面。因而，系统性原则要求指标从区域角度切入，综合区域内多维度、多发展方向以及赛事本身的特点，基于多因素进行系统评估。

（2）典型性原则。考虑到大型赛事是短时间内调动大量社会资源的大型活动，一方面会给举办区域的经济、社会与环境带来较大的考验，另一方面又会对区域发展产生影响。因而，在可持续发展的大背景下，要体现大型赛事对区域发展综合影响的典型性，必须将环境维度纳入考虑范畴。

（3）层次性原则。大型赛事对区域综合影响的表现是多层次、多因素综合作用的结果，评价体系也应从不同层次反映大型赛事的影响结果。社会–经济–环境指标体系考虑了经济、社会、环境等诸多因素，从宏观区域经济发展、社会公平提升、环境水平改善，到中观产业转型、文化互动、游客足迹，再到微观赛事收入、居民安定、植树造林，指标层层深入，以保证评价的全面性。

（4）科学性原则。评价大型赛事的综合影响既要看短期效应，也要看效应的可持续性；既要看影响的规模，也要考虑影响对可持续发展的重要性。因此在考虑大型赛事的综合影响时，要兼顾总量、增量以及结构性指标。绝对量指标体现当前表现，增量和增速指标体现影响的扩张速度，结构性指标体现大型赛事对区域内各维度的结构优化。

（5）可比性原则。指数应当选取简明清晰、数据可得的指标，能量化反映不同影响的具体情况，且能够进行不同时期不同届别赛事的比较。

7.2.2　社会、经济、环境三维度指标体系范围界定与具体内容

在本章选择研究对象以及指标设置时，为了厘清根源性问题，完全参考了《奥林匹克宪章》的内容，其中，可持续发展的概念是在巴塞罗那奥运会时期被正式加入到《奥林匹克宪章》中；最早通过奥运会形成完整商业体系与盈利模式（出售广告、签订转播权合同等）的是依托于美国发达体育产业举办的亚特兰大奥运会。因此对奥运会自身可持续发展以及对举办地区影响力的研究不仅仅针对北京冬奥会，同时涉及了1992年巴塞罗那奥运会后的历届奥运会。

在评估奥运会产生的影响进行指标设置的过程中，尽可能符合《奥林匹克宪章》所传达的精神，即将可持续性纳入奥运会的各个方面，对《奥林匹克宪章》

中对奥运会的要求进行归纳汇总。由于国际奥委会与联合国这两大国际组织关系密切，《奥林匹克宪章》中对可持续发展的要求大体同联合国的要求对标，包括社会安定与人民福祉、促进当地经济发展、保护并改善当地生态环境等。最终的指标体系中的指标全面覆盖了《奥林匹克宪章》中对奥运会各方面作用的要求。

根据三重底线理论，将指标设置为三个维度，即环境维度、经济维度以及社会维度，用于展现冬奥会所关注的生态和材料、促进社会正义和展示经济效率三大方面。具体指标如表 7-1 所示。

表 7-1　大型赛事综合影响评估指标

一级指标	二级指标	影响因素
经济	财政预算	超出预算比例
	运动相关支出	运动相关支出占总支出的比例
	区域经济提升	就业机会提升
	游客人数	游客人数增幅
	场馆的继续应用	继续应用场馆数量
社会	社会治安	犯罪率
	被迫搬迁的居民	受赛事影响的居民人数
	公众支持度	公众支持率
	政策支持度	国家级的赛事相关政策数量
	公众需求	公众满意度
环境	赛事方针	是否强调可持续发展
	新建场馆	新建场馆比例占总场馆数的比例
	碳足迹	二氧化碳排放量
	赛事规模	奥运会参与人数
	新增植被	承诺新增植被面积实现比例

7.2.3　社会、经济、环境三维度指标体系功能与特点

基于系统性、典型性、层次性、科学性和可比性原则，构建了一套覆盖经济维度、社会维度和环境维度的社会–经济–环境指标体系，用于评估大型赛事的综合影响。指标体系从大型赛事综合影响的经济维度、社会维度以及环境维度三大维度展开评估，从宏观上反映大型赛事对区域振兴与区域协同发展的影响力，从中观上衡量区域间的产业联动、文化交流与传播以及环保协同，从微观上评价赛事的经济收益、文化影响以及基于赛事举办的区域环境改善措施。因此，本套社会–经济–环境指标体系首先能够帮助赛事举办方把握大型赛事的影响力、量化大型赛事的综合影响，进一步评估办赛策略是否合理，能否达成可持续办赛的核心目标；其次能够帮助赛事相关方在赛事筹办与举办期间选择最佳策略，依靠大型赛事的影响力带动自身转型，获取文化福利，投身环境保护工作；最后，可以帮助赛事举办区域内的居

民得到经济、环境与社会全方位的提升，改善生活条件，提高幸福度。

7.2.4　大型赛事社会、经济、环境三维度指标得分计算方法

为了量化大型赛事的综合影响，应当对大型赛事的影响指标进行相应的评分工作。因此，基于社会、经济、环境三维度指标体系，完成指标选取后，通过参考前人研究与相关文献，结合六分位法，对大型赛事的指标表现进行了标准化处理。具体指标及评分细则如表 7-2 所示。

表 7-2　大型赛事社会、经济、环境三维度指标及评分细则

一级指标	二级指标	评分细则
经济	财政预算	超出预算比例：100，如果≤10%；80，如果>10%～20%；60，如果>20%～40%；40，如果>40%～60%；20，如果>60%～80%；0，如果>80%
	运动相关支出	运动相关支出占总支出的比例：100，如果≥50%；80，如果 40%～<50%；60，如果 30%～<40%；40，如果 20%～<30%；20，如果 15%～<20%；0，如果<15%
	区域经济提升	就业机会提升：100，如果≤15%；80，如果>15%～30%；60，如果>30%～45%；40，如果>45%～60%；20，如果>60%～75%；0，如果>75%
	游客人数	游客人数增幅：100，如果≥30%；80，如果 25%～<30%；60，如果 20%～<25%；40，如果 15%～<20%；20，如果 10%～<15%；0，如果<10%
	场馆的继续应用	如果所有场馆的利用率都很高，则为 100；如果 6 个场馆中有 5 个利用率很高，则为 80；如果 6 个场馆中至少有 4 个利用率很高，则为 60；如果 6 个场馆中至少有 3 个得到高度利用，则为 40；如果 6 个场馆中至少有 2 个得到高度利用，则为 20；如果 6 个场馆中有 1 个或 0 个场馆的利用率很高，则为 0。活动结束后拆除的所有临时场馆都被视为长期可用场馆。允许翻新和改造。分数基于截至 2019 年底的使用情况
社会	社会治安	犯罪率：0，如果≥10%；20，如果 9%～<10%；40，如果 7%～<9%；60，如果 6%～<7%；80，如果 5%～<6%；100，如果<5%
	被迫搬迁的居民	100，如果没有迁移或重新安置；80，如果临时迁移或重新安置；60，如果永久位移小于 100 人；40，如果永久迁移或重新安置者超过 100 人但少于 500 人；20，如果永久迁移或重新安置者超过 500 人但少于 1000 人；0，如果永久迁移或重新安置者超过 1000 人
	公众支持度	公众支持率：100，如果≥90%；80，如果 80%～<90%；60，如果 70%～<80%；40，如果 60%～<70%；20，如果 50%～<60%；0，如果<50%
	政策支持度	国家级的赛事相关政策数量（单位：个）：100，如果≥10；80，如果 8～<10；60，如果 5～<8；40，如果 4～<5；20，如果 3～<4；0，如果<3
	公众需求	100，如果没有变化或不合理的变化对事件所有者没有好处；80，如果是不侵犯人权和自由但有利于活动所有者的微小的、与活动相关的变化（如免税、移民便利化）；60，如果一个微小的、与事件相关的变化也侵犯了人权和自由（如以限定的方式限制言论自由）；40，如果几个微小的、与事件相关的变化侵犯了人权和自由；20，如果至少一部法律中的一项重大修改严重侵犯了人权和自由（如便利征用）；0，如果多个法典中的几项重大修改严重侵犯了人权和自由

一级指标	二级指标	评分细则
环境	赛事方针	100，如果是完全贯彻可持续发展；50，如果是一定程度上贯彻可持续发展；0，如果没有提倡可持续发展
	新建场馆	新建场馆比例占总场馆数的比例：100，如果 0~20%；80，如果>20%~35%；60，如果>35%~50%；40，如果>50%~65%；20，如果>65%~80%；0，如果>80%
	碳足迹	夏季赛事（单位：万人）：100，如果≤300；80，如果>300~400；60，如果>400~500；40，如果>500~600；20，如果>600~700；0，如果>700。冬季赛事：100，如果≤100；80，如果>100~120；60，如果>120~140；40，如果>140~160；20，如果>160~180；0，如果>180
	赛事规模	奥运会参与人数（单位：万人）夏季赛事：100，如果≤15；80，如>15~20；60，如果>20~25；40，如果>25~30；20，如果>30~35；0，如果>35。冬季赛事：100，如果≤4；80，如果>4~6；60，如果>6~8；40，如果>8~10；20，如果>10~12；0，如果>12
	新增植被	承诺新增植被面积实现比例：100，如果>75%；50，如果>45%~75%；0，如果 0~45%

通过表 7-2，最终将大型赛事自身的可持续发展指标设定为 15 个，其中包括了经济维度中的财政预算、运动相关支出、区域经济提升、游客人数以及场馆的继续应用；社会维度中的社会治安、被迫搬迁的居民、公众支持度、政策支持度以及公众需求；环境维度中的赛事方针、新建场馆、碳足迹、赛事规模以及新增植被。最终，通过评分标准，将以上指标处理成为 0~100 分的分值，用于对比各个赛事的实际发展情况。

7.3　奥运会协同发展与衍生效应的评估方法体系

进一步对研究对象聚焦，将研究对象确定为奥运会这一类别。基于社会、经济、环境指标体系，对奥运会社会、经济、环境三维度发展情况进行考察，深入探究奥运的三维度协同发展问题与奥运衍生效应，引入科学的评估方法，先对历届奥运会进行总体的对比分析，总结办奥规律，再进一步考察单届奥运会，即北京冬奥会的短期衍生效应。

7.3.1　基于复合系统协同性的历届奥运可持续性协同评估

为了系统考察奥运赛事的可持续发展过程中社会、经济、环境三个发展维度之间的协同性，需要引入量化的方法对协同性进行计算，判明协同性的方向与大小，并通过汇总，得到一定的规律，对比分析各届奥运会。基于分析结果，确定各届奥运与北京冬奥会的发展情况，分析背后的发展规律，并总结出最优办奥模式。

根据复合系统协同度模型，构建奥运会社会、经济、环境三维度协同度测度模型，包括子系统有序度模型以及复合系统协同度模型。

其中，子系统有序度模型指将系统 A 与系统 B 视为复合系统 $S = \{S_1, S_2\}$，S_1 为系统 A 的子系统，S_2 为系统 B 的子系统。考虑子系统 S_j，$j \in [1,2]$，设其发展过程中的序参量为 $e_j = (e_{j1}, e_{j2}, \cdots, e_{jn})$，$n \geq 1$，$\beta_{jt} \leq e_{jt} \leq \alpha_{jt}$，$i = 1, 2, \cdots, n$。针对奥运会可持续发展这一问题，子系统表示社会–经济–环境各个维度下建立的指标体系，其中各个序参量表示各个指标，而总系统则代指各个维度。

据此给出定义 1：定义式（7-1）为子系统 S_1 的序参量分量 e_{jt} 的系统有序度。

$$\mu_j(e_{ji}) = \begin{cases} \dfrac{e_{ji} - \beta_{ji}}{\alpha_{ji} - \beta_{ji}}, & i \in [1, k] \\[3mm] \dfrac{\alpha_{ji} - e_{ji}}{\alpha_{ji} - \beta_{ji}}, & i \in [k+1, n] \end{cases} \tag{7-1}$$

由以上定义可知，$\mu_j(e_{ji}) \in [0,1]$，$\mu_j(e_{ji})$ 数值越大，则表明序参量分量 e_{ji} 对系统有序的"贡献"越大，也就是对奥运会各个维度间可持续发展的协同性影响越大。

采用线性加权求和法进行集成对总贡献进行汇总：

$$\mu_j(e_{ji}) = \sum_{i=1}^{n} \lambda_i \mu_j(e_{ji}), \quad \lambda_i \geq 0, \quad \sum_{i=1}^{n} \lambda_i = 1 \tag{7-2}$$

据此给出定义 2：定义 $\mu_j(e_{ji})$ 为序参量分量 e_{ji} 的系统有序度，表示该指标对整体维度间协同的影响力大小。

而后，给出复合系统协同度模型。定义 3：假设在给定的初始时刻 t_0，系统 A 有序度为 $u_1^0(e_1)$，系统 B 有序度为 $u_2^0(e_2)$，在复合系统发展演变过程中另一时刻 t_1，假定系统 A 有序度为 $u_1^1(e_1)$，系统 B 有序度为 $u_2^1(e_2)$，两个目标复合系统的协同度，也就是各届奥运会内部，各维度之间可持续发展协同程度的大小如式（7-3）、式（7-4）所示。

$$C = \text{sig}(\cdot) \times \sqrt{\left| u_1^1(e_1) - u_1^0(e_1) \right| \times \left| u_2^1(e_2) - u_2^0(e_2) \right|} \tag{7-3}$$

$$\text{sig}(\cdot) = \begin{cases} 1, & u_1^1(e_1) - u_1^0(e_1) > 0 \text{且} u_2^1(e_2) - u_2^0(e_2) > 0 \\ -1, & \text{其他} \end{cases} \tag{7-4}$$

其中，系统间协同度 $C \in [-1, 1]$。

基于上述模型，本章收集 1992 年巴塞罗那奥运会之后历届冬奥会与夏奥会数据，计算各个维度间的协同度，结合奥运会自身战略与实际行动展开分析，寻找奥运会对举办地产生影响的内在规律，总结历届奥运经验，寻找最优办奥模式。

7.3.2　基于三维二阶的北京冬奥会短期效应评估模型

为科学评估筹办冬奥会对办赛城市及周边地区可持续发展的影响，本节构建了相关评估模型，首先为综合评估筹办冬奥会对举办城市的可持续性影响，本节基于生态福利视角，构建京津冀生态环境、社会和经济三维度可持续发展评估模型，模型计算方法采用数据包络分析法，根据可持续发展评估模型结果，进一步计算出城市子系统耦合度协同度；其次，为探究冬奥会对市场资金的影响情况，本节构建市场投资引导模型，模型计算方法采用事件研究（event study）法，估计得到基准回报率，进而得出超额回报率；最后，为评估筹办冬奥会对京津冀城市群各产业的拉动作用，本节采用投入产出模型，并结合凯恩斯主义理论，计算得到直接和间接效应。

第一，为科学系统探究北京冬奥会对京津冀协同可持续发展的影响，需要引入环境、经济和社会三个视角，不再将经济产出作为城市发展的最终目的，而是综合考虑资源投入、经济产出及福利提高过程。因此，衡量北京冬奥会对京津冀协同可持续发展的影响，必须从环境、经济和社会三个维度建立评估框架。本章基于环境、经济和社会三维度，构建可持续发展的评估体系，对京津冀 13 个城市的可持续发展进行测算评估。

图 7-3 中第一阶段表示为生态投入转化为经济产出的效率（生态经济效率），第二阶段表示为经济产出转化为福利产出的效率（经济福利效率）。城市可持续发展水平即生态投入转化为福利产出的效率，可表示为

$$UEWP = \frac{WB}{EN} = \frac{GDP}{EN} \times \frac{WB}{GDP} \qquad (7-5)$$

其中，UEWP 为生态福利绩效；EN 为生态投入；GDP 为经济产出；WB 为福利产出。

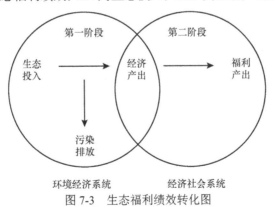

图 7-3　生态福利绩效转化图

在测算方法上，本章使用数据包络分析法，用来对京津冀城市的可持续发展水平进行评价。数据包络分析法是运筹学中研究经济生产边界的一种方法，由美国著名运筹学家查恩斯（Charnes）、库珀（Cooper）、罗兹（Rhodes）于 1978 年首先提出，目前广泛应用于经济管理领域。通过使用数据包络分析法，将生态作为资源投入，经济产出作为第一阶段的期望产出及第二阶段的投入，将污染排放

作为第一阶段的非期望产出，将福利产出作为第二阶段的期望产出，全面测算评估城市的可持续发展。

第二，在得到各城市可持续发展水平及两个子阶段转化效率后，本章使用物理学协同耦合度模型，对各城市生态–经济转化效率与经济–福利转化效率协同发展情况进行探究。子阶段耦合协同计算方法为

$$C_i = \left\{ \frac{EN \times WB}{\left(\dfrac{[EN + WB]}{2} \right)^2} \right\}^2 \tag{7-6}$$

$$D_i = \left(C_i \times T_i \right)^{\frac{1}{2}} \tag{7-7}$$

$$T_i = \frac{1}{2} \times EN + \frac{1}{2} \times WB \tag{7-8}$$

其中，C_i 为城市发展的耦合协调度；D_i 为耦合度；T_i 为协调度。

第三，为测算北京冬奥会的经济效益，本章基于事件研究法对市场投资引导效应进行测算。事件研究法主要用于分析突发事件对于组织价值（一般为金融市场）的影响，该方法要求突发事件未被预期，并且在事件发生期间无其他事件干扰。本章使用事件研究法，探究冬奥会对市场投资的引导作用，具体包括以下步骤。①定义事件：本章选取 2015 年 7 月 31 日为事件发生日（定义 $t = 0$），顺延至 2015 年 8 月 2 日为（$t = 1$）。②选取样本：根据相关文献，选择证监会一级和二级行业部分板块指数为代表进行实证研究。③选择窗口期：选择事件发生前后三天，即事件窗口日期为 $[-1,1]$、$[-2,2]$、$[-3,3]$；选择估计窗口期为 $[-106,-33]$，自 2015 年 3 月 2 日至 2015 年 5 月 29 日。④估计正常收益率。⑤计算异常收益率。由于第四步和第五步是关键步骤，因此展开介绍。

本书使用普通最小二乘法对正常收益率进行估计：

$$R_{it} = \alpha_i + \beta_i R_{mt} + \varepsilon_{it} \tag{7-9}$$

其中，R_{mt} 为市场在 t 时点的正常收益率；R_{it} 为样本 i 在 t 时点的正常收益率，α_i 为截距项；β_i 为市场正常收益率对样本正常收益率的影响系数；ε_{it} 为误差项。

得到

$$E\left[R_{it(\text{event})} \right] = \hat{\alpha}_i + \hat{\beta}_l R_{mt(\text{event})} \tag{7-10}$$

接着计算异常收益率及累计异常收益率：

$$AR_{it} = R_{it} - E\left[R_{it(\text{event})} \right] \tag{7-11}$$

$$CAR_{it} = \sum_{t=t_1}^{t=t_2} AR_{it} \tag{7-12}$$

第四，为评估北京冬奥会筹办工作对京津冀地区经济的拉动效果，本章使用

投入产出模型，对筹办冬奥会期间相关场馆建设所拉动的经济增长进行评估。投入产出模型的机理介绍如下所示。

令最终需求为

$$F = \begin{bmatrix} F^{1*} \\ F^{2*} \\ F^{3*} \end{bmatrix} \qquad (7\text{-}13)$$

则完全消耗系数为 $B = (E-A)^{-1} - E$ ，当第 i 部门的最终需求增加 F 个单位其他部门的最终需求不变时，第 i 部门总产值增加量为

$$X = \begin{bmatrix} X^{1*} \\ X^{2*} \\ \vdots \\ X^{n*} \end{bmatrix} = \left(\begin{bmatrix} B^{11} & \cdots & B^{1n} \\ \vdots & & \vdots \\ B^{n1} & \cdots & B^{nn} \end{bmatrix} + E \right) \begin{bmatrix} F^{1*} \\ F^{2*} \\ \vdots \\ F^{3*} \end{bmatrix} \qquad (7\text{-}14)$$

此外，为测算引致效应，本章使用了乘数理论，根据乘数理论，现代社会国民经济一般由总需求决定总产出，每增加一笔需求支出，由此引发的国民经济总产出的增加量并不仅限于该支出，而是原支出的若干倍。因此，首先计算边际消费倾向 $\mathrm{MPC} = \beta$ ，得出乘数 K ：

$$K = \frac{\Delta y}{\Delta I} = \frac{\Delta y}{\Delta y - \Delta c} = \frac{1}{1 - \dfrac{\Delta c}{\Delta y}} = \frac{1}{1 - \beta} \qquad (7\text{-}15)$$

最后计算得出第一轮影响和引致影响（第二轮及更多轮），即奥运对京津冀地区产生的基础影响与后续引出的联动影响：

$$X' = \begin{bmatrix} X^{1*} \\ X^{2*} \\ \vdots \\ X^{n*} \end{bmatrix} = \left(\begin{bmatrix} B^{11} & \cdots & B^{1n} \\ \vdots & & \vdots \\ B^{n1} & \cdots & B^{nn} \end{bmatrix} + E \right) \begin{bmatrix} F^{1*} \\ F^{2*} \\ \vdots \\ F^{3*} \end{bmatrix} \qquad (7\text{-}16)$$

$$X'' = \begin{bmatrix} X^{1*} \\ X^{2*} \\ \vdots \\ X^{n*} \end{bmatrix} = \left\{ \left(\begin{bmatrix} B^{11} & \cdots & B^{1n} \\ \vdots & & \vdots \\ B^{n1} & \cdots & B^{nn} \end{bmatrix} + E \right) \begin{bmatrix} F^{1*} \\ F^{2*} \\ \vdots \\ F^{3*} \end{bmatrix} \frac{1}{1-\beta} \right\} - X' \qquad (7\text{-}17)$$

最终，根据上述计算方法，可以具体评估北京冬奥会对京津冀地区协同发展产生的综合影响，形成科学合理的、完全适合北京冬奥会与京津冀地区的量化评估体系。

第8章 奥运会赛事协同可持续发展评估

基于社会–经济–环境指标体系以及复合系统协同度模型，展开进一步研究。作为大型赛事的代表，奥运会对区域发展的影响具备很高的研究价值。为了探讨历届奥运会各维度发展状况不同的内在机制与发展规律，可以考察奥运会本身发展过程中的可持续发展中各个维度的协同效应，从发展效率的角度上来解释上述问题。通过对理论机制的探讨与总结，可以结合奥运会实际情况，针对性地开展单届奥运会的分析，也可以为未来的奥运会举办提供指导。北京冬奥会由于具备循环办奥的特殊性，本章结合协同效应的研究结果对北京冬奥会进行了案例分析，详述了北京冬奥会成功实现可持续发展背后的原因。

后续结论基于第 7 章的大型赛事社会–经济–环境指标得分计算方法得出。针对各项指标的数据收集，主要参考了各个举办地区的统计年鉴与统计报告、奥组委官方网站、奥林匹克相关文件与计划书，还有权威机构给出的报告以及参考价值较高的新闻报道。

在奥运会样本的选取方面，由于可持续发展理念首次被引入《奥林匹克宪章》的时间节点是在 20 世纪 90 年代初期，奥运会步入绿色办奥里程，逐渐通过奥运会的影响力改善当地乃至全球的环境。同时，自 1996 年亚特兰大奥运会起，奥运会正式开始商业化历程，不仅拥有理念上的巨大影响力与文化传播性，同时能够为举办区域带来更多实质上的经济提升。因此，选择 1996 年起的历届奥运会以及举办区域作为研究对象，针对其社会–经济–环境三个维度的可持续发展现状以及协同问题展开讨论。

8.1 历届奥运会社会、环境与经济维度发展情况迥异

每届奥运会的举办都需要结合时代背景与举办国的政府方针，确定相应的指导理念。因此历届奥运会会形成不同的发展目标，奥组委可能在当届奥运会更加注重商业开发，借助奥运影响力振兴当地经济，也可能希望奥林匹克精神的注入提升社会公平，丰富文化发展，还可能选择通过奥运会的可持续发展理念，为环境保护与生态建设提供发展契机。由此可知，为了深入探讨奥运会举办期间，举办地区可持续发展的三个主要维度（即社会、经济与环境）之间协同性与举办区域各维度发展状况的关联性，需要首先明确各届奥运会的发展状况，确定其实际发展导向。

8.1.1　财政预算与商业化助力经济可持续发展

首先，针对北京冬奥会，由于北京冬奥会举办时全球仍然受困于新冠疫情，这届奥运会并未进行售票，导致门票收入基本为零，往常意义上对旅游与体育产业收入的带动也微乎其微，就业方面的提升作用也较为一般。但由于北京冬奥会得益于循环办奥，新建场馆较少，并且奉行经济可持续理念，预算控制优秀，京津冀地区的财政负担较少。综合来看，北京冬奥会的经济维度可持续发展在历届奥运中处于中上水平。

而后，纵观历届奥运会，1996 年亚特兰大奥运会作为历史上第一届正式商业化的奥运会，依托于美国良好的体育产业发展，在财政预算、运动相关支出和场馆的继续应用三个方面有着较大的领先优势。同时，基于以上三点，也较大程度地拉升了区域经济发展，是各届奥运会商业化的标杆。除此之外，2008 年北京奥运会由于其财政预算的严格把控，并未带来巨大的财政赤字，单项得分较高，即使对区域经济振兴作用不明显，经济维度发展依然排名前列。

2020 年东京奥运会受困于新冠疫情，其奥运会本身带来的收入较低，且受困于新冠疫情造成的经济下行，奥运影响力不足以完全弥补经济损失，甚至带来了一定的负面效应，因此东京奥运会经济维度得分较低。2012 年伦敦奥运会则由于其发展理念向可持续性倾斜，带来了较高的经济成本，对运动相关支出的支持力度不足，同时当时欧洲尚处于次贷危机后的恢复期，奥运会并未能通过自身影响力提升区域经济，因此伦敦奥运会得分较低。

在冬奥会方面，首先考虑到冬奥会以及冰雪运动的早期关注度不足，且场馆搭建成本相较于夏奥会更高，因此冬奥会的整体经济维度得分较低。其中，温哥华冬奥会与盐湖城冬奥会依托于自身地理优势与气候优势，在财政预算方面有一定优势，且场馆能够更好地延续使用，一定程度带动了区域体育产业发展，提升了区域经济，因此排名靠前。索契冬奥会财政预算超支严重，严重影响了国民经济状况，先期预算制定的失误致使索契冬奥会经济维度得分极低。而 1994 年挪威利勒哈默尔冬奥会也出现了相同的情况，并且由于冬奥会间隔的更改，过于频繁的冬奥会压缩了奥运带来的经济效应，因此得分较低。历届奥运会经济维度得分如图 8-1 所示。

8.1.2　治安与政府、民众支持助力社会可持续发展

首先，北京冬奥会的举办区域京津冀地区属于国家心脏区域，社会治安一贯良好，同时在政府的严格管控与动态清零的新冠治理方针下，社会秩序稳定。由

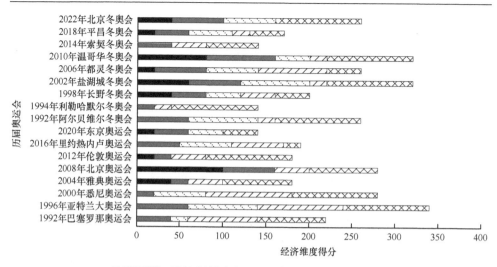

图 8-1　历届奥运会经济维度得分

于京津冀地区近些年来作为国内重点发展的区域对象，在中央政府政策引导，地方政府严格落实的背景下，社会公平程度极大提高，社会资源分配趋于合理，也因此民众乐于参与到冬奥会这样的大型赛事之中，因而北京冬奥会得到了民众的广泛支持，也促进了社会公平性的提升。而在举国体制之下，对于北京冬奥会的举办，中央政府高度重视，给予了强劲的政策支撑。综上，北京冬奥会的社会维度发展状况名列前茅。

由于 1992 年巴塞罗那奥运会一方面出台了较多的奥运相关政策，支持奥运各方面运转，为公众带去了较多的社会福利，另一方面强调社会治安，将犯罪率控制在了较低水平，因此整体的社会维度得分较高。2008 年北京奥运会是举全国之力，齐心协力，民众支持度高，且中国治安状况始终保持良好，因此社会维度得分较高。

2016 年里约热内卢奥运会则由于巴西国家治安形势严峻，且建设场馆过程中损害了部分当地居民的利益，大量人口被迫迁移，后续的补偿政策落实不够完善，且出台的其他奥运支持政策也大多落空，因此民众受惠度不足，政策支持度也较低，致使里约热内卢奥运会在社会维度上得分较低。此外，伦敦奥运会与雅典奥运会总体分数尚可，但排名较低，主要受困于当时国家经济状况，民众对奥运会这一需要财力支撑的大型活动的支持度不足，政府机关内部也有所分歧，未能统一实行积极政策。

在冬奥会方面，2002 年的美国盐湖城冬奥会因为处在"9·11"事件的余波中，在时代背景的加持下，美国全社会团结一致，尝试通过冬奥会振奋民众，提升社会信心，因此整体社会维度表现也比较好。

　　2014 年索契冬奥会早期计划不够妥当，不仅经济方面存在预算失衡，社会角度上对民众关注度也不高，同时大量相关的政策未能得到落实，社会治安也仅仅处在一般水平，社会维度表现最差。历届奥运会社会维度得分如图 8-2 所示。

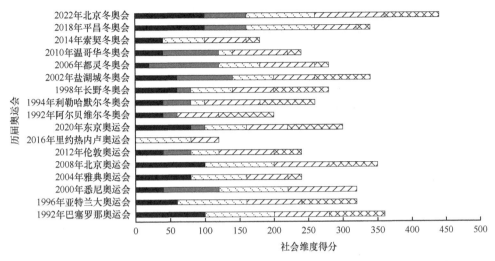

图 8-2　历届奥运会社会维度得分

8.1.3　绿色理念与环保措施助力环境可持续发展

　　北京冬奥会倡导绿色办奥，落实可持续办奥理念，在总体的办奥战略上践行了环境导向。尽管新冠疫情削弱了经济收益，但也削弱了人类活动带来的环境影响，结合循环办奥的福利，北京冬奥会得以在各项环境指标上遥遥领先。另外，北京冬奥会严格按照计划，进行碳汇林的栽种，大幅提升了环境的正向影响力。综上，北京冬奥会环境维度最终脱颖而出，为历届奥运会中最优。

　　从整体上看，历届夏奥会对环境维度的关注度稍显不足，整体得分偏低，这主要是由于各个举办区域对待夏奥会更加关注其经济与社会效应，而非环境效应。其中 2004 年雅典奥运会新建场馆数量较少，使用了较多的综合性场馆，同时由于场馆容量问题与奥运会仍在二次发展中，观众数量与奥运赛事规模都不在历史高值，因此得益于客观因素环境维度得分较高。而 2012 年伦敦奥运会投入了大量成本用于场馆的绿色建设，新建场馆尽管较多但最后均为可回收状态，同时一定程度上完成了新增植被的任务，环境维度得分较高。

　　1996 年亚特兰大奥运会作为商业化奥运会的起源，过度关注经济可持续发展，对环境维度造成了损害。由于过多的游客数量以及对环境治理的忽视，整体环境维度得分较低，排名最差。

　　冬奥会中，索契冬奥会与长野冬奥会由于类似的问题整体环境维度的得分排名较低。二者均新建了大量的场馆，建筑过程中对环境造成了较大的影响，同时两届冬奥会在理念上强调了可持续发展，但是在落实过程中并未完全兑现如新增植被数量这一类的承诺。两届冬奥会虽然最终的规模较大，但碳足迹带来的环境影响较大。历届奥运会环境维度得分如图 8-3 所示。

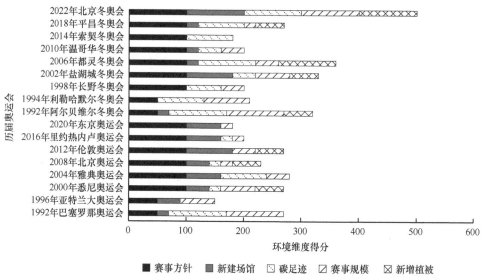

图 8-3　历届奥运会环境维度得分

8.1.4　历届奥运会

为了找到普遍规律，探讨奥运会中各个维度之间的协同关系以及协同关系对不同类别奥运会各方面可持续发展的具体影响，需要确定历届奥运会的实际发展导向。尽管历届奥运会在筹办期间都会强调本届奥运会的主要发展理念，但由于实际情况的限制，最终奥运会的实际导向未必与预期导向相同，因此需要通过量化对比来确定其实际导向。可以对各个维度得分进行简单加总，通过比较各维度得分确定奥运会的实际导向。

根据得分情况可以发现，在夏奥会中，1996 年亚特兰大奥运会是唯一的经济导向型奥运会，而 2004 年雅典奥运会、2012 年伦敦奥运会与 2016 年里约热内卢奥运会则同为环境导向型奥运会。其他夏奥会均为社会导向型奥运会。

在冬奥会层面上，仅有 2010 年温哥华冬奥会为经济导向型奥运会，1992 年阿尔贝维尔冬奥会、2006 年都灵冬奥会以及 2022 年北京冬奥会均为环境导向型奥运会，而其他奥运会均为社会导向型奥运会。

综上可以发现，尽管各届奥运会的举办国在 1992 年可持续发展理念加入《奥林匹克宪章》后，均开始强调可持续办奥理念，但在实际筹办与举办的过程中，许多预期的政策与方法未能得到落实，多数奥运会最终还是走向了奥运影响力带来的社会导向上，在经济维度和环境维度的成果相对较低。在环境导向型奥运会中，也应当明确的是，尽管有伦敦奥运会与北京冬奥会这样的正面标杆，但实际上也包括了雅典奥运会这样客观条件受限，经济与社会维度发展不足，而使得环境维度得到补偿的案例。

8.2　环境导向为最优办奥模式

为了进一步明确不同导向奥运会其可持续发展状况产生差异的原因与机理，并为未来奥运会找出普遍规律，产生指导意义，需要考察现有不同导向奥运会各个发展维度间的协同效应，确定协同效应的方向与大小，并据此解释差异出现的根本原因。

通过使用复合系统协同度模型，测算经济维度、环境维度与社会维度之间的协同度，其中各维度下的指标作为各个维度的子系统，通过计算得出三个维度之间的协同度。根据这一方法，对经济导向、社会导向以及环境导向三种不同办奥模式进行分析，寻找最优办奥模式。

综合经济导向型奥运会的可持续发展状况，可以发现，其中，经济、社会两维度具有较高的正协同作用，而经济、环境两维度则具有负协同作用。结合实际可以发现，当奥运会举办区域过度关注经济可持续发展时，不可避免地会扩大奥运会规模，吸引更多游客，带动包括体育产业、旅游产业等相关产业产值的提升，通过各类商业化手段提升经济收益，而这些举措往往会产生负面环境影响。同时相应的财政预算往往更多地被分配到宣传以及基建方面，不对工艺技术进行革新，尽管经济可持续发展带来的经济福利一定程度上回馈到了社会层面，带动了社会可持续发展，但相应的对环境维度的轻视使得经济导向型奥运会往往在环境维度面临较大挑战。在当前全球气候形势紧张，可持续发展理念持续执行的情况下，应当一定程度上降低经济维度考虑的权重，将更多办奥资源向环境角度倾斜。由此可知，经济导向型的办奥模式会抑制奥运环境可持续发展。

在社会导向型奥运会中，大多数奥运会的起始理念并非以社会维度的可持续发展为主，但一些客观因素的限制以及预期政策与方针落实的失当，使得奥运会最终成为社会导向型。根据结果可以看出，社会导向型奥运会中，社会维度可以小幅度带动经济与环境维度的发展，这往往是民众支持以及政策倾斜带来的。同时考虑到奥林匹克精神的客观影响力，也能够保证其他两个维度的基本发展。但是值得注意的是，社会导向型奥运会依然面临着经济与环境不可兼得的问题，任何偏向环境或经济的举措都可能限制另一方的可持续发展进程，因此社会导向型奥运会依旧不是最优的奥运会发展模式与发展方针。因此，社会导向可以带动举办地经济提升与环境改善，但仍旧无法避免经济维度和环境维度发展相斥的问题。

在环境导向型奥运会中,通过计算发现三个维度相互之间均具有正向协同度。这意味着环境导向型奥运会是目前奥运筹办与举办的最优导向。通过计算可以发现,环境维度作为可持续发展侧重点时,一方面改善了民众的生活环境条件,另一方面融合了更多先进高效的产业技术,以上两点带动起了社会与经济维度的可持续发展,在效率方面有了长足的提升。在这一办奥模式下,经济、社会以及环境三个维度两两协同,互相促进,实现了奥运发展的最优情形。不同类别奥运会的协同性如图 8-4 所示。

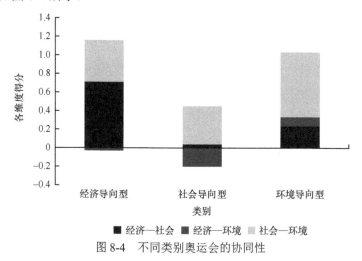

图 8-4　不同类别奥运会的协同性

8.3　北京冬奥会采取环境导向模式,实现可持续发展

基于上述结果,展开针对北京冬奥会的具体分析。考虑到北京冬奥会作为历史上首次短期内连续由同一城市承办的奥运会,具有其特殊性,因此针对北京冬奥会以及举办区域京津冀地区展开案例分析对未来可持续办奥具有重要意义。

在经济维度,由于北京冬奥会举办期间,新冠疫情影响仍未消退,各国人民出行受到各个国家政策影响,奥运会传统的门票收入趋近于零,对旅游业的提升作用也并不明显。与此同时,北京作为短时间内第二次承办奥运会的区域,新建场馆较少,基建工程带来的新增优质就业机会下降。综合以上两点,尽管在循环办奥状态下,财政预算得到了良好的控制,并未因为冬奥会产生额外的财政负担,但在新冠疫情背景下,北京冬奥会的经济带动效应并未如预期一般乐观。但总体上来看,尽管缺失了往常冬奥对旅游业的振兴以及额外的门票收入,北京冬奥会依然通过优质的周边产品以及转播权的出售在一定程度上弥补了这部分的损失,带动了体育产业中冰雪运动部分的发展。除此之外,循环办奥的实现使得北京奥组委与中国政府对奥运会的成本控制有了更大的把握。更为合理的举办计划与财务预算使得北京冬奥会即便面临新冠疫情与环境压力的双重影响，也没有出现预算失控，财务负担急剧上升的情况，反而充分利用了冬奥会的影响力与衍生效应，稳定了区域经济并且一定程度上促进了京津冀地区的产业转型与经济协同发展。

在社会维度，京津冀地区由于政府管控严格，新冠疫情基本得到控制，总体秩序稳定，社会治安状况良好。同时，政府对北京冬奥会的举办给予了较强的政策支撑，希望北京冬奥会的顺利举办能够使得京津冀地区结合冬奥会的契机，利用冬奥影响力，贯彻落实政府各类战略部署，并提升国家的国际影响力和世界范围内的认可度。在民众角度上，基于北京奥运会的成功举办以及近年来国内的迅速发展，国民希望举办冬奥会向世界展示国家形象，并且希望北京冬奥会也能够如北京奥运会一般为京津冀地区带来足够的衍生效应，提振社会文化传播，加速实现社会公平。由此，北京冬奥会得到了大部分公众的认可与支持。而且，在循环办奥的潜在背景下，北京冬奥会对城市及周边地区现状并未造成过大的影响，并未像先前历届奥运会一般为了新建场馆与配套的基建设施造成大量人口被迫搬迁，较大程度保障了民众生活的稳定。最终，北京冬奥会很好地展示了国家文化，传递了奥林匹克精神与可持续发展理念，从社会文化与社会公平角度上来说很好地回馈了民众。因此，北京冬奥会社会维度可持续发展状况不仅没有因为新冠疫情受到削弱，反而由于循环办奥、民众团结以及政府制定的发展方针得当，政策落实精准，较之同在新冠疫情背景下的东京奥运会有了明显的提升。

在环境维度，北京冬奥会自始至终贯彻绿色办奥理念，实行可持续发展方针，强调环境导向，通过冬奥会的筹办与举办向京津冀地区传达绿色发展的紧要性。京津冀地区作为实际上的循环办奥地区，在奥运会筹办过程中遭受的环境影响远小于历届奥运会，同时，由于新冠疫情的影响，赛事规模被迫缩小，各个代表团参赛人员数目大幅削减，工作人员数量也是有史以来的最低值。为了控制疫情，中国对外来游客的严格审查制约了冬奥会带来的旅游人数，碳足迹由此处于历届奥运会最低水平。同时，京津冀地区也积极投身冬奥可持续发展建设，栽种了大批碳汇林，并有条不紊地贯彻环境改善政策，区域间联合治理，共同防治。北京冬奥会的各类场馆均会继续使用，不仅能够继续为区域带来经济价值与社会效应，也能够避免拆除或改建导致的环境影响。至此，北京冬奥会在主动与被动相结合的情况下，给出了历届奥运会中最优的环境发展状况。

北京冬奥会强调环境导向，实际发展状况上也符合环境导向型奥运会特征。根据研究结果，环境导向型奥运会是唯一一种经济维度和环境维度互相促进，协同发展的奥运会，而北京冬奥会的实际发展情况也印证了这一点。此外，可以发现，北京冬奥会许多指标能够良性发展，都离不开循环办奥带来的经验与遗产红利，循环办奥能够带动当届奥运会的可持续发展水平，是选择未来奥运会承办区域过程中值得考量的重要因素。

综上可知，北京冬奥会强调环境导向，因此能够实现社会、经济、环境三维度共同正向发展，互相促进，循环办奥理念也强化了北京冬奥的可持续发展程度，未来奥运会的发展导向可以参考北京冬奥会，而国际奥组委也应该考虑未来将循环办奥作为奥运会承办的基本方针之一。

至此，通过总结历届奥运会经验，并对北京冬奥会进行具体的案例分析，确定了环境导向的办奥模式为最优办奥路径。为了深度挖掘北京冬奥会的成功经验，进一步考察北京冬奥会对办奥区域——京津冀地区的具体作用与区域的后续表征，需要探究北京冬奥会的短期与长期衍生效应，确定北京冬奥会的举办为京津冀地区协同发展带来的短期与长期的综合影响。

第9章　北京冬奥会对京津冀协同发展的综合影响评估

确定最优办奥模式后，需要进一步对奥运会为举办区域带来的衍生效应展开讨论，厘清奥运对区域发展的带动性。由于北京冬奥会是唯一一届按照最优办奥模式——环境导向型举办的奥运会，社会、经济、环境三个维度协同发展，具有较高的研究价值，因此，选择北京冬奥会作为研究对象，探究北京冬奥会对京津冀地区协同发展的短期综合影响。北京冬奥会积极响应《奥林匹克 2020 议程》，提出了"绿色、共享、开放、廉洁"的办奥理念和"纯洁的冰雪，激情的约会"愿景，将冬奥筹办与京津冀地区可持续发展紧密结合，力求改善京津冀地区环境质量，推动京冀两地交通、产业和公共服务等协同发展，切实增强人民群众的获得感和幸福感。本章从直接效应和间接效应两方面，基于经济总量、产业结构、市场投资及生态福利四个维度评估了北京冬奥会对京津冀协同发展的综合影响。

9.1　北京冬奥会对京津冀协同发展的直接效应

北京冬奥会对京津冀协同发展的直接效应为通过赛事直接拉动的经济效应，具体表现在筹办冬奥会对京津冀地区产业结构的影响和对举办地及周边城市（北京和张家口）的首轮经济增长。

9.1.1　优化京津冀地区产业结构

筹办冬奥会期间，北京冬奥组委与国家各部门以及主办城市政府有关部门密切合作，围绕"带动三亿人参与冰雪运动"的宏伟目标，从中央层面和地方层面陆续颁布完善冰雪运动发展的相关文件，大力引导社会大众踊跃参与，促进冰雪体育产业升级。据中国旅游研究院和国家体育总局数据，2018～2019 年冰雪季我国冰雪旅游人数首超 2 亿人次，截至 2021 年年初，全国已有 654 块标准滑雪场和 803 个室内外各类滑雪场，较 2015 年分别增长了 317%和 41%。企查查数据显示，截至 2021 年 12 月，我国滑雪相关企业共有近 6700 家，2021 年 1～11 月共新增 1206 家相关企业，同比增长 61%。从地区分布来看，河北以 741 家企业高居第一，黑龙江、广东紧随其后。

随着冬奥筹办工作的日益推进，2015 年至 2019 年，京津冀三省市三次产业结构从 5.1∶34.9∶60.0 调整为 4.8∶33.5∶61.7。各省市第一、第二产业占比持续下降，第三产业在地区经济发展中的地位稳步上升。2015 年，北京市文化、体育和娱乐业经济贡献率为 2.29%，明显高于天津市（0.59%）和河北省（0.37%）。河北省文化、体育和娱乐业持续发展，2019 年相关产业增加值为 119 亿元，相比 2015 年上涨 21.21%。

本章使用双重差分模型，检验了筹办前后京津冀地区产业结构的变动情况及中介效应，发现通过加速淘汰落后产能，大力发展滑雪场所经营以及滑雪旅游业、文化创意及现代服务业等途径筹办冬奥会在一定程度上抑制了办赛城市的第二产业发展，而促进了第三产业发展。

9.1.2 拉动举办地及周边地区直接经济增长

冬奥会通过给主办城市带来巨大投资来直接拉动当地经济增长。根据凯恩斯主义，现代社会国民经济由总需求决定总产出。《北京 2022 年冬季奥林匹克运动会和残奥会申办报告》显示，2022 年冬奥会产生的投资包括直接投资和间接投资，直接投资包括冬奥会场馆建设投资和冬奥会运行投资，为 107.57 亿元人民币，间接投资为 452.07 亿元人民币，可以看出，2022 年冬奥会投资势必会为北京、张家口两地及周边地区带来可观的经济提升。

本章通过北京市、天津市及河北省等相关统计年鉴、2012 年京津冀投入产出表、《北京 2022 年冬季奥林匹克运动会和残奥会申办报告》和北京市、河北省政府部门公布的相关报告，依次确定相关数据参数，并构建冬奥会经济影响预测分析模型，从而评估冬奥会筹办对京张地区及周边城市的直接经济效应（表 9-1、表 9-2）。

表 9-1 冬奥会筹办对京张地区的直接经济效应

城市	直接经济效应/亿元	排名
京张地区	141.64	—
北京	120.46	1
张家口	21.18	2

表 9-2 冬奥会筹办对周边地区的直接经济效应

城市	直接经济效应/亿元	排名	城市	直接经济效应/亿元	排名
周边地区	70.37	—	承德	2.81	6
天津	20.44	1	邢台	2.76	7
石家庄	20.42	2	沧州	2.66	8
唐山	9.50	3	保定	2.53	9
秦皇岛	4.25	4	衡水	0.74	10
邯郸	3.85	5	廊坊	0.42	11

注：数据进行过修约，故周边地区处与表中所列数据合计数有误差

　　结果显示，冬奥会筹办阶段使北京和张家口投资高速增长，从而带动京张地区经济超前发展，冬奥会对于京张地区的直接经济效应占京津冀整体直接经济效应的 67%。此外，受产业结构、资源要素、经济基础等差异影响，北京的直接经济效应远超同为举办地的张家口，占京津冀整体直接经济效应的 57%，具体结果见表 9-2。

　　评估结果显示，筹办冬奥会在京张地区的直接经济效应达 141.64 亿元，其中北京为 120.46 亿元，张家口为 21.18 亿元。筹办冬奥会对周边城市的直接经济拉动作用达 70.37 亿元，其中天津拉动作用最大，之后为石家庄、唐山、秦皇岛等，分别拉动 0.59%、0.70% 和 0.22%。

9.2　北京冬奥会对京津冀协同发展的间接效应

　　北京冬奥会对京津冀协同发展的间接效应为通过赛事筹办拉动的间接效应，具体表现为利好市场投资，活跃二级市场；拉动京津冀地区多轮次衍生经济增长；促进京津冀可持续发展水平提升；牵引京津冀社会、经济、环境协同发展。

9.2.1　利好市场投资，活跃二级市场

　　本章运用事件研究法检验了获得冬奥会举办权对市场投资的影响效应。研究发现，在获得冬奥会举办权（2015 年 7 月 31 日）的前后 1 天范围内，12 个相关行业在 A 股市场的表现受到了显著影响。与场馆建设和城市发展密切相关的建筑业、房地产业和金融业表现尤为突出，其中建筑业的超额累计收益率大于 5%。当把事件影响窗口期增加至前后 2 天时，获得冬奥会举办权对于其他相关行业如科研技术、水利环境、制造行业等超额累计收益率也产生了显著影响。资本市场对筹办冬奥在基础设施、科技创新、环境保护和融资借贷方面的促进作用产生了正面预期（图 9-1）。

9.2.2　拉动京津冀地区多轮次衍生经济增长

　　深入研究冬奥会经济影响的基本规律，对于科学谋划京津冀地区经济发展战略，进一步释放冬奥经济影响效应，加速京津冀地区经济协同联动，促进京津冀区域经济高质量发展具有重要意义。根据凯恩斯理论现代社会国民经济一般由总需求决定总产出，每增加一笔需求支出，由此引发的国民经济总产出的增加量并不仅限于该支出，而是原支出的若干倍，而冬奥会筹办支出导致对于中间产品的产品和服务需求增加，相关部门因提供产品和服务而获得报酬，并将其中一部分用于购买当地产出的产品及服务，进一步导致各部门的总产出增加。

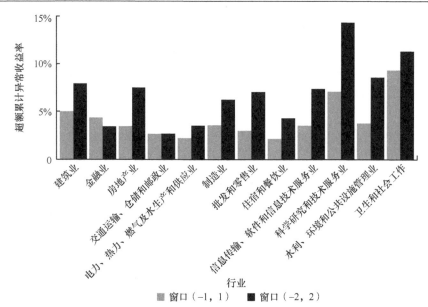

图 9-1 冬奥会对 A 股市场不同行业超额累计收益率的影响

结果显示，筹办冬奥会对京津冀地区的总经济影响达到 971.73 亿元[①]，其中对于北京的总体经济拉动作用最大，对北京总产值拉动达到 487.39 亿元，筹办冬奥会对张家口总产值拉动作用达到 111.35 亿元，在京津冀地区 13 个城市中排名第二，这意味着，筹办冬奥会已成为北京和张家口新的经济增长点。筹办冬奥会对区域经济产出的促进作用如图 9-2 所示。

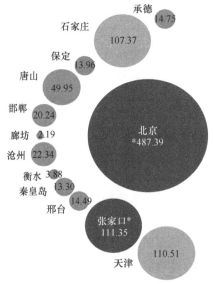

图 9-2 筹办冬奥会对区域经济产出的促进作用
单位为亿元，*标注出了北京冬奥会的具体举办城市

---

① 图 9-2 中数据进行过修约，图 9-2 中合计数与此处有误差。

从拉动占比来看，筹备冬奥会对张家口的经济拉动百分比最大，达到 2.98%，石家庄（0.94%）、唐山（0.70%）、秦皇岛（0.59%）和北京（0.44%）的经济拉动百分比较大（表 9-3）。

表 9-3　筹办冬奥会对京津冀各城市的经济拉动百分比

城市	百分比	排名	城市	百分比	排名
张家口	2.98%	1	邢台	0.27%	8
石家庄	0.94%	2	邯郸	0.22%	9
唐山	0.70%	3	沧州	0.16%	10
秦皇岛	0.59%	4	保定	0.15%	11
北京	0.44%	5	衡水	0.11%	12
承德	0.40%	6	廊坊	0.03%	13
天津	0.32%	7			

研究结果显示，北京冬奥会的筹办工作对京津冀地区的影响呈现出"区域差异大、联动效果强"的特点。

首先，冬奥会场馆建设对京津冀城市的影响存在区域差异。结果显示，冬奥会对于京张地区的总体经济效应占京津冀整体的 62%，其中北京占京津冀城市整体效益的 50%。受产业结构、资源要素、经济基础等差异影响，北京的经济效应远超同为举办地的张家口。对于周边城市而言，冬奥会的经济效应主要集中在天津、石家庄、唐山和秦皇岛等具有较高产业价值的城市上，因此呈现经济拉动程度区域差异大的特点。

其次，冬奥会场馆建设对京津冀城市的各行业联动效果强，溢出效应显著。冬奥会筹办期间的场馆建设、能源和餐饮供给需求促进了区域内相关行业的协同联动发展。以电力供应为例，北京地区规划建设的冬奥会配套电网工程将河北省张家口市张北地区的绿色清洁能源接入北京电网，使北京冬奥会实现了全部场馆100%绿色电能供应。此外，国家速滑馆主体结构采用的钢结构屋面索、"冰丝带"玻璃以及看台座椅分别产自河北、天津与北京，是京津冀一体化优秀成果的典型。部分场馆建设投入对产业产出的拉动作用如图 9-3 所示。

研究显示，奥运会投资的大量基础设施建设带动北京建设快速增长，同时也带动为奥运会建设和相关活动提供产品的产业（非金属矿物制品、运输和储存等）和服务加快发展。奥运筹办对京津冀城市产业拉动作用集中在建筑业、冶金业、非金属矿物制品、批发和零售业、运输和储存等；但不同城市受到影响较大的产业不同（如北京和张家口的建筑业受到拉动程度较高，北京的服务业也受到了一定的提升，周边地区主要集中在提供单位价值较低的产品行业）。与北京不同，奥运投资对于周边地区的冶金业、化学工业、非金属矿物制品、金属采矿、金属制品

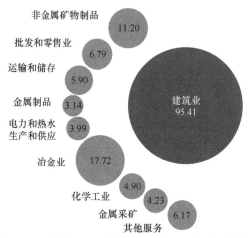

非金属矿物制品　11.20

批发和零售业　6.79

运输和储存　5.90

金属制品　3.14

电力和热水生产和供应　3.99

建筑业　95.41

冶金业　17.72

化学工业　4.90

金属采矿　4.23

其他服务　6.17

图 9-3　部分场馆建设投入对产业产出的拉动作用
单位为亿元

等有所提升，对于科学研究、建筑业、食品加工等行业影响相对较弱。目前京津冀产业比较优势显现，经济联动得到体现，但在承接高新技术等方面仍亟待加强。在赛事举办及赛后场馆改造阶段应进一步整合各地资源，进一步提升冬奥会对京津冀区域协同发展的促进作用，促进京津冀可持续发展水平提升。

9.2.3　促进京津冀可持续发展水平提升

北京冬奥会对京津冀可持续发展的影响具体表现在，环境正影响、经济新发展与社会福利提升上，本章拟将可持续发展分为经济、环境和社会三个子系统，而经济系统作为环境系统和社会系统的连接点，可以将生态福利绩效进一步分解成经济—环境转化效率和经济—社会效率。因此，举办冬奥会与城市可持续发展的关联性可以从环境—经济子系统和经济—社会子系统入手分析。

首先，筹办大型活动会影响环境—经济子系统。在大型活动筹办期间，将新增土地建设面积，北京冬奥会筹办期间，新增了 7 个竞赛场馆，新增或改造非竞赛场馆 11 个，而场馆的改造和建设将会增加水和能源等要素投入，从而影响到经济—环境维度的投入端；在经济—环境维度的非期望产出方面，举办活动过程可能会带来较大的能源和资源消耗，从而产生一定的环境污染。随着保护环境观念的深入，大型活动的赛事主题和口号往往会蕴含"绿色"理念，如奥运会的"绿色办奥"理念、2022 年冬奥会的"一起向未来"，都蕴含着可持续发展。此外，政府也会出台更严格的环境政策来限制污染物排放，宣传提高企业和市民环保意识，如北京 2008年的清洁运动，对短期的环境改善有一定的促进作用；在经济—环境维度的期望产出方面，筹办资金通过流入活动相关产业链，从器材、场地、赛事、培训，到旅游、地产相关上下游产业，如 2022 年冬奥会围绕"冰雪运动""零碳冬奥"，吸引了大批相关产业投资，刺激消费，从而正向影响经济产出。

其次，筹办大型活动会影响经济—社会子系统。筹办大型活动会正向影响经济产出，从而影响经济—社会转化效率的投入端；在产出端，大型活动的举办增加就业机会、提高收入水平、增加居民生活的物质保障。例如，北京奥组委分 14 批选聘 61 名顶尖人才参与筹办工作，并制定选拔人才的机制，同时，凭借"双奥之城"的优势，2022 年冬奥会成为京津冀地区协同发展的重要契机，加速了城市转型，提升了城市服务，改进了城市医疗、绿化美化水平，并使居民获得了更多休闲和交往的机会，提高了生活质量。国家统计局的《"带动三亿人参与冰雪运动"统计调查报告》显示，成功获得 2022 年冬奥会举办权后至 2021 年 10 月期间，我国参与冰雪运动人次达到 3.46 亿，冰雪运动成为大众主流文化体育活动。

本章对京津冀各城市的生态福利绩效即资源消耗对居民生活质量提升的转化效率进行了定量评估，2009 年至 2021 年，筹办冬奥会后，除石家庄、邢台、承德和廊坊外，其他 9 个城市的可持续发展水平均有不同程度的提高，其中张家口、衡水、北京、唐山和保定的可持续发展水平增幅较大，作为办赛城市之一的北京，其可持续发展水平一直处于 13 个城市中的首位，另一个办赛城市张家口在筹办冬奥会后，其可持续发展水平有了明显提高，跃升至第二位。筹办冬奥会对可持续发展水平的影响及作用机制检验如表 9-4 所示。

表 9-4　筹办冬奥会对可持续发展水平的影响及作用机制检验

变量及效应	（1）主效应	（2）教育水平机制	（3）环境规制机制
因变量	可持续发展水平	可持续发展水平	可持续发展水平
筹办冬奥会	0.103** (2.27)	−3.074** (−2.56)	−3.074** (−2.56)
教育水平机制		0.171** (2.06)	
环境规制机制			0.027*** (2.78)
控制变量	控制	控制	控制
年份	控制	控制	控制
城市	控制	控制	控制
样本量	156	156	156
R^2	0.752	0.760	0.760

注：括号内数字为标准差

表示在 5%的水平上显著；*表示在 1%的水平上显著

表 9-4 中第（1）列表示筹办冬奥会对于举办地区可持续发展的提升作用。表 9-4 中第（2）列将教育水平机制作为筹办冬奥会对举办地区可持续发展提升作用的机制检验的因素。表 9-4 中第（3）列将环境规制机制作为筹办冬奥会对举办地区可持续发展提升作用的机制检验的因素。结果表明，筹备冬奥会使北京、张家

口两地的可持续发展水平提高了 10.3%，教育水平机制、环境规制机制对办赛城市可持续发展水平的促进作用显著，分别提升了 17.1%和 2.7%。

9.2.4　牵引京津冀社会、经济、环境协同发展

根据耦合协调度计算公式，得到 2009～2021 年京津冀各城市的社会、经济、环境耦合协调度变化情况，并以其为横轴，以可持续发展为纵轴，绘制耦合度—可持续发展水平坐标图。其中第一象限为高可持续发展水平、高耦合度象限，第二象限为高可持续发展水平、低耦合度象限，第三象限为低可持续发展水平、低耦合度象限，第四象限为低可持续发展水平、高耦合度象限。

由图 9-4 可看出，筹办冬奥会之前，京津冀 13 个城市中，只有北京达到了高可持续发展水平、高耦合度发展阶段，其他城市大部分集中在第三象限，即低可持续发展水平、低耦合度象限。在三系统耦合度方向上，京津冀城市整体耦合度仅为 0.38，除北京（0.96）外，其他 12 个城市均为低耦合度。这说明京津冀城市在筹办冬奥会之前，生态、社会与经济发展协调性较差。筹办冬奥会之后，京津冀各城市的耦合度和可持续发展水平均有不同程度的提升，除邢台外，其他城市均上升至第一、二象限，张家口、衡水、保定和邯郸上升至第一象限。在三系统耦合度方向上，筹办冬奥会期间，京津冀城市整体耦合度上升至 0.63，差异逐渐缩小，平均进入了中度耦合阶段。

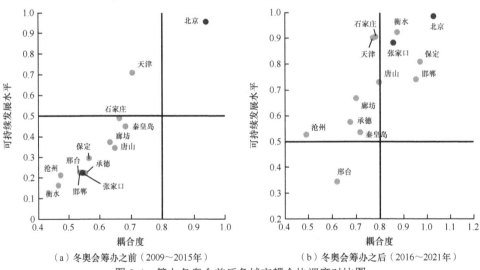

（a）冬奥会筹办之前（2009～2015年）　　　（b）冬奥会筹办之后（2016～2021年）

图 9-4　筹办冬奥会前后各城市耦合协调度对比图

冬奥会也对京津冀区域的协同发展产生了促进作用。为评估筹办冬奥会前后京津冀地区协同发展情况，本节基于前文的测算结果，绘制得到京津冀筹办冬奥会前后的可持续发展水平热力图，并进一步计算得到 2015 年与 2021 年京津冀 13

个城市的区域协同发展指数。

筹办冬奥会前后，京津冀 13 个城市的可持续发展协同度从 0.8117 上升至 0.8875，京津冀 13 个城市的协同度有了一定提升，进入地区高度耦合阶段。从热力图颜色变化也可以看出，京津冀 13 个城市热力图颜色差异逐渐减弱，逐渐出现以北京、张家口为核心向周围梯度降低的区位态势。

通过本章对北京冬奥会短期效应的探讨，发现以环境导向为办奥主旨不仅能够实现可持续办奥的需求，也能够基于相关的政策与地方举措，实现对举办区域社会、经济、环境三个维度的短期带动效应，引导区域本身实现了可持续发展。但奥运会对举办区域产生的影响并不仅仅局限于短期效应，奥运会的长期效应也会影响区域发展，因此应当对长期效应进行进一步说明。

第 10 章　冬奥遗产促进京津冀协同发展

北京冬奥会作为大型赛事，总的持续时间较短，但由于奥运影响力和对举办区域的改造，会对区域产生深远的影响。因此，探讨了北京冬奥的短期效应后，需要放宽时间尺度，继续考量北京冬奥会对于京津冀地区协同发展的长期效应。产生长期影响的主体并不是举办期间的北京冬奥会，而是北京冬奥会筹办期间与举办之后所产生的冬奥遗产。国际奥委会于 2017 年 12 月发布《遗产战略方针：勇往直前》（*Legacy Strategic Approach：Moving Forward*），对奥运遗产的概念、奥运遗产的远景等内容做了详细介绍。2019 年 2 月，北京冬奥组委发布《北京 2022 年冬奥会和冬残奥会遗产战略计划》，提出了创造体育遗产、经济遗产、社会遗产、文化遗产、环境遗产、城市发展遗产和区域发展遗产等七个方面的重点任务[①]，并将遗产战略计划分为计划阶段（2017～2018 年）、实施阶段（2019～2022 年）和总结阶段（2022～2023 年）。2021 年 6 月，北京冬奥组委会发布《北京 2022 年冬奥会和冬残奥会遗产报告（2020）》，总结提炼了北京冬奥会自 2015 年申办成功以来筹办工作所形成的遗产成果，重点呈现了 2015 年 8 月至 2019 年底北京 2022 年冬奥会和冬残奥会各项重要遗产成果。

10.1　奥运遗产是奥运可持续发展结果的标志

奥运遗产理念蕴含于奥运会的愿景中，是奥运会目标的实现结果。奥林匹克运动的愿景是：通过体育建设更加美好的世界。《奥林匹克宪章》也提到："奥林匹克主义的目标是将体育置于服务人类和谐发展的地位，以期建成一个和平且维护尊严的社会。"两者都强调了奥运会的长期效应，为城市和人民创造有形和无形的长期收益，蕴藏着奥运遗产的理念。历届奥运会举办方结合自己的地区发展及历史背景，提出自己的奥运会愿景目标，在将奥运会愿景落地后便会留下奥运遗产。因此，奥运遗产是奥运会愿景的重要结果。

奥运遗产随着奥运会的发展受到重视，并逐渐融入可持续发展理念。"遗产"一词最早出现在 1956 年墨尔本奥运会申办文件中。1987 年，在韩国首尔举办了首次关于遗产的国际座谈会。1991 年，亚特兰大奥组委将"保留正面的物质和精神遗产"写入其奥运会愿景中。1997 年，雅典奥运会申办材料中包含一份展示其

---

① 《北京冬奥会和冬残奥会遗产战略计划发布》，https://www.beijing.gov.cn/ywdt/gzdt/201902/t20190220_1826838.html，2019 年 2 月 20 日。

"奥林匹克主义遗产"项目的手册。2003 年，"遗产"被引入《奥林匹克宪章》，同年国际奥委会发布报告，阐明奥运遗产的重要性，并提到需要确保奥运可以给主办城市及其居民在场馆、基础建设、经验和专业知识方面留下重要遗产。2014 年的《奥林匹克 2020 议程》提出的主要建议中，有三条涉及奥运遗产，2021 年 3 月 13 日提出《奥林匹克 2020+5 议程》，在第二条"促进可持续的奥运会"中，将奥运遗产也作为可持续奥运的一个方面。研究和评估奥运遗产可以确保奥运为市民、城市（地区）和奥林匹克运动留下遗产，对于实现城市和赛事可持续发展至关重要。

10.2　北京冬奥会遗产带动区域协同发展

奥运会的"遗产"定义内涵较广，国际奥委会将奥运遗产定义为，奥运遗产是奥运会愿景的结果，是举办奥运会为人民、城市或地区及奥林匹克运动带来的或加速形成的所有有形和无形的长期利益。具体给出了以下七个方面：有组织的体育发展、通过体育助力社会发展、技能、人际网络和创新、文化和创造性的发展、城市发展、环境改善和生态经济价值。

由于国际奥委会给出的奥运遗产涵盖范围较广，北京冬奥组委在国际奥组委的基础上，结合我国京津冀协同发展战略和冬奥会的"冰雪奥运"主题，创造性地增加了"区域协同发展"和"冰雪文化"两部分内容。本书聚焦于京津冀区域协同发展，因此确定北京冬奥会奥运遗产边界为促进区域协同发展遗产，具体包括社会、经济和环境协同发展遗产三个方面，体现出北京冬奥会遗产的继承性、可持续性、多维性和独特性。

其中，协同发展遗产一方面指的是社会、经济与环境三个维度之间的相互协同与促进，另一方面指的是京津冀地区内部各个区域之间的协同。前者更多体现在奥运会筹办与举办期间的各项针对奥运会本身可持续发展的举措中，能够在奥运会结束后延续下来，持续保持作用的部分。例如，社会维度中对社会公平的提升，经济维度中对产业融合转型、区域经济发展的助力，环境维度中碳汇林的栽种等。后者更多表现在诸如优势资源交换、政策重心倾斜以及发展氛围与理念的传递上。由于京津冀地区各个区域的发展情况不一，发展成果优势不同，基于奥运会先期的带动与协调，资源分配得以优化，区域间互动与协同发展状况趋于良好，这一状况在奥运会后也会持续保持，形成一种抽象的奥运遗产。

综上可知，京津冀地区在奥运会结束后，可以继续依托奥运遗产获取一定的奥运衍生效应，助力区域发展，其中就包括了区域协同发展的部分。助力区域协同发展的奥运遗产并不一定是常规意义上具象化的奥运遗产（如场馆、场地等），也可以是抽象化的理念与战略方针的变动。因此在探讨奥运遗产对区域协同发展的影响时，应当将包括教育、环保理念、社会公平等抽象因素也纳入考量范围，全面探讨奥运遗产为京津冀地区带来的协同效应。在研究时覆盖尽可能完备的正面效应，可以更好更全面地利用遗产，持续获取冬奥衍生效应，使京津冀地区获得更多发展动力。

10.3　社会、经济与环境协同发展遗产的具体作用

10.3.1　社会遗产拉升京津冀地区教育质量，促进社会公平

1. 奥林匹克精神融入教育

在北京冬奥会筹办期，北京市率先将奥林匹克教育纳入学校教育教学。为促进学生学习奥林匹克知识，部分地区在中考、高考多学科试卷中融入冬奥内容，主办城市将奥林匹克教育纳入学校日常教育教学内容。北京市要求各中小学通过体育课、体育活动、校本课程、综合实践活动等方式，开展奥林匹克主题教育。鼓励有条件的幼儿园开展奥林匹克主题教育活动，普及奥林匹克知识。在北京市的带动下，京津冀地区其他城市也纷纷开始效仿，逐步建立自身的奥林匹克教育模式。其中，张家口市要求义务教育阶段学校，每个学生每学年至少接受 4 课时的奥林匹克知识教育，奥林匹克教育示范学校和冰雪运动特色校要达到 6 课时；截至 2021 年 6 月底，张家口市中小学奥林匹克教育覆盖率达到 100%。

同时，京津冀地区面向北京冬奥会筹办期间不断增加的对奥林匹克教育的需求，加速区域内的奥林匹克教育文化板块的建设，并间接带动全国相关领域的发展。首次将国际奥委会通用教育材料《奥林匹克价值观教育》和国际残奥委会通用教育材料《残奥价值观教育》的中文版引入中国，编写《走进北京冬奥会》知识读本，将三套教育材料配发全国各地奥林匹克示范校和冰雪特色校。编写《北京 2022 年冬奥会和冬残奥会公众读本：魅力冬奥》和《北京 2022 年冬奥会和冬残奥会青少年知识读本》，同时增加线上教育资源供给，推动教育材料转化为视频、音频资源为公众提供丰富的奥林匹克和残奥教育信息资料。制作发布《奥林匹克五环》《残奥运动》等 4 部教育知识动画短视频和《冰壶》《速度滑冰》等 15 个冬奥项目知识动画短视频，通过各类媒体平台广泛转载，推广普及奥林匹克知识。

除此之外，京津冀地区还联合举办了众多奥林匹克主题教育活动与文创活动，带动区域间奥林匹克教育交流，同时依托北京作为国际交流的中心，京津冀地区各城市均参与了大量的奥林匹克教育国际交流活动，极大地提升了各地区的教育质量与教育内涵。

2. 冰雪运动加速普及

在冰雪运动的普及与进入校园的环节中，依旧是以北京市为展开基础，其他

地区遵循经验逐渐落实。首先，北京市大力推动有条件的学校将冰雪运动内容纳入体育课程教学；鼓励学校通过购买社会服务的方式，与滑雪场、滑冰场等相关社会机构合作开设冬季运动课程，提高冬季运动教学质量；鼓励学生积极参与冬季健身运动，熟练掌握一项至两项冬季运动技能；在特教学校开设冰蹴球、模拟冰壶、雪鞋走、轮滑等适合残疾学生的冰雪或仿冰、仿雪运动项目课程。张家口市将冰雪运动相关工作纳入教育工作整体规划。从 2018 年起，每年冬季全市中小学校体育课教学全部以冰雪内容为主，奥林匹克和冰雪运动知识课程（包括课堂教学与户外实践）逐年增加。截至 2021 年 6 月底，张家口市中小学冰雪运动普及率达到 100%。

为了丰富冰雪教育内容，国家体育总局、教育部、北京冬奥组委通过举办以"筑梦冰雪·相约冬奥"为主题的全国学校冰雪运动系列竞赛和冰雪嘉年华活动，进一步推广普及校园冰雪运动，培养学生冰雪运动兴趣，提高学生冰雪运动技能水平。作为"全国大众冰雪季"的系列内容，"世界雪日暨国际儿童滑雪节"2024 年 1 月主会场活动在银川鸣翠湖滑雪场成功举办，越来越多的青少年和家长感受到滑雪运动的快乐。作为第七届"全国大众冰雪季"的重要线上活动版块，"滑向 2022 线上接力赛"线上观看人次近千万；"首届中国数字冰雪运动会"线上参与报名人员踊跃，多家媒体直播转播赛事，全国众多体育电竞爱好者在线观看。线上活动以时尚、新颖、欢乐的方式吸引了大批青少年的参与，成为新冠疫情防控常态化形势下冰雪运动推广普及的新方式。北京市自 2019 年起开展"北京市中小学生奥林匹克教育及冰雪进校园系列活动"，覆盖全市近 200 所中小学的近 20 万名中小学生。张家口市连续组织"万名中小学生冰雪体验活动"，累计约 11 万名中小学生参与体验。

然而，当前京津冀地区的冰雪教育仍处于早期发展阶段，各地区的教育设施，活动场所以及教育人员均有待提升。目前京津冀地区的整体冰雪运动发展方针不仅仅聚焦于各个区域自身，还包括了通过优势地区的资源外扩，带动冰雪教育弱势地区发展的思路。例如，从北京调派符合教育资质的教练人员前往周边地区任教，加速其他地区的冰雪运动普及力度。

3. 奥运促进社会公平

北京 2022 年冬奥会的口号"一起向未来"与奥林匹克精神中所号召的人类团结紧密完全契合。作为世界性赛事，冬奥会面向全球各地，不区分人种，不区分国别，全世界的运动员均可以平等参赛，向全球观众展示自己的高光一面，让世界人民体会到希望与力量。同时，全世界面临新冠疫情挑战，新冠疫情背景下冬奥会带来的拼搏精神有助于激励各国人民，团结各国人民共同奋战，抵抗疫情的冲击。

　　具体到京津冀地区，通过北京冬奥会的筹办与举办，京津冀地区内普及奥林匹克精神，倡导公平公正氛围，尽可能使各地人民参与到冬奥建设与维护中来。在疫情挑战与国际形势复杂化的大背景下，通过动员更多的社区居民，保障了冬奥筹办有条不紊地进行，这一过程中北京冬奥组委与政府机关不差别化对待，欢迎各界人士参与其中。

　　同时，除了居民平等参与得到保证，维持社会公平以外，通过冬奥会也进一步在经济资源方面进行了区域整合。各个地区资源禀赋不尽相同，经济发展水平与社会发展水平存在差异，通过奥运会的整合效应，京津冀地区之间取长补短，各自完善自身区域发展状态，依托于冬奥效应，从区域整体角度上进一步消除了社会发展与经济发展的差异，促进了地区公平的进一步实现。

　　通过奥林匹克文化宣传，国民的平等意识得以增强，无论对待国内其他区域的人民还是世界其他国家的人民，都有更强的接纳意识，人民的团结精神与团结意识得到强化。

10.3.2　经济遗产加快京津冀地区产业互补与经济提升

1. 冰雪产业迅速成熟

　　在冬奥会筹办活动的带动下，作为主办城市的京张两地冰雪运动普及程度得到较大提升，带动冰雪产业整体迅速发展，尤其是以满足群众冰雪运动需求为导向的冰雪装备制造业呈现集聚发展态势，一批冰雪装备制造园区和重大项目建设加速，成为京张地区冰雪产业发展的特色亮点。国际冬季运动（北京）博览会自2016年开始已连续举办多届，通过深化国际交流合作，引入众多全球知名冰雪装备品牌，展示全球前沿冰雪科技创新成果，助力区域冰雪装备产业发展。2020年举办的国际冬季运动（北京）博览会吸引了近20个冰雪强国参展，涵盖海内外参展品牌约500个，国际品牌占比60%以上；近200位海内外国际体育组织官员、国内外冰雪企业高管、冰雪产业专家、相关产业领域业界精英出席论坛；600家媒体全程跟进，吸引现场洽谈专业机构代表近2.5万名，观众参观人次达到20万。经过几年的发展，国际冬季运动（北京）博览会已成为全球规模较大，较为权威、具备一定影响力的冰雪装备展示平台，未来也将为中国冰雪装备产业的发展提供长期助力。此外，张家口市也已经建设了冰雪装备产业园。

2. 区域内城市建设进一步夯实

　　冬奥会促进交通基建加速，提升公共服务水平。冬奥会的举办对城际和赛区内交通提出了要求。2015年12月京张高铁开工建设，是国家《中长期铁路网规划》中"八纵八横"京兰通道的重要组成部分。京礼高速由兴延高速和延崇高速合并而成，京礼高速的开通，极大缩短了北京—延庆—张家口赛区转场时间，促进京张两地道路相连相通，积极助力张家口融入"京津冀 1 小时经济圈"，对带动沿线地区社会经济发展具有重要意义。京张高铁和京礼高速运营通车，赛区内外多条干线和客运枢纽的完工和顺利推进，不仅满足了奥运需求，也成为冬奥的城建有形遗产，成为中国对外的一张亮丽的名片。

3. 数字经济蓬勃发展

张家口市以北京冬奥会可再生能源利用为契机，充分发挥当地常年气候凉爽、绿电富集和低电价优势，立足近京区位优势，积极吸引在京高科技企业将数据中心落户张家口，大力发展大数据产业，培育数字经济新引擎。完善大数据产业政策体系。张家口市抢抓京津冀协同发展、京张携手筹办冬奥会、大数据新能源示范区建设等一系列历史重大机遇，开辟重点项目审批绿色通道，强化顶层设计，构建比较完善的大数据产业政策体系。

张家口市还围绕"一带三区多园"的大数据发展布局，在产业链硬件制造侧引进业内龙头企业落户怀来，秦淮数据集团高端装备制造产业基地在宣化签约落地。在产业链应用侧，带动知名数据应用用户购买运营服务，逐步形成以张北云计算产业基地、中国联通（怀来）大数据创新产业园等多个产业园区为核心，功能错位、特色鲜明、协同联动的大数据发展格局。

通过上述措施的推动和支持，张家口市大数据产业获得迅猛发展。截至 2021年 6 月，张家口市投入运营数据中心 12 个，投入运营服务器达 87 万台，签约一批大数据企业，累计签约投资达上千亿元。可见，基于北京冬奥会，张家口市借助北京市的优质资源，完成了自身的飞速发展。

10.3.3　环境遗产联合京津冀地区协作行动，建设绿色生态

1. 区域间联合治理

京津冀三地启动环境执法联动工作机制。建立定期会商、联动执法、联合检查、重点案件联合督查和信息共享五项制度，排查与处置跨行政区域、流域重污染企业及环境污染问题、环境违法案件或突发环境污染事件。排查与处置位于区域饮用水源保护地、自然保护区等重要生态功能区内的排污企业。在国家重大活动保障、空气重污染、秸秆禁烧等特殊时期，联动排查与整治大气污染源。张家口市与北京市合作实施京冀生态水源保护林和水环境治理工程。建立环京三县与北京交界四县森林防火联防机制和林业有害生物防御体系。推动京张两地联手实施区域燃煤污染执法，联动打击超标排放、自动监控数据造假等环境违法行为。延庆与张家口怀来、赤城分别签署了跨区域环境污染防治联合执法合作协议，在

大气和水污染防治、突发环境事件、跨区域信访案件处理等领域加强合作。

2. 大气污染治理、水污染治理与植被建设的联合工作

生态环境部与京、津、冀、晋、鲁、豫等 6 省市人民政府，共同建立京津冀及周边地区大气污染防治领导小组，以冬奥筹办为契机进一步加强联防联控。2017 年至 2021 年，连续五年开展京津冀及周边地区秋冬季大气污染综合治理攻坚行动，全面降低区域污染排放负荷。将北京、张家口纳入北方地区清洁取暖试点城市，推进冬季取暖清洁化改造工作。组织开展大气污染综合治理，督促京津冀及周边地区传输通道城市完成涉气"散乱污"中小微企业综合整治，推进农村"煤改气""煤改电"改造，完成散煤治理。对包括北京和张家口在内的 31 个城市组织开展清洁车用油品专项行动，启动实施"京津冀及周边地区大气污染联防联控及重污染应急技术与集成示范"项目，建成区域一体的空气质量精细化立体监测预警平台。

京张两地环保部门协同开展水污染隐患跨省排查工作，组织开展地表水饮用水水源地环境保护专项行动，先后对延庆、崇礼、赤城等区域内重点企业环境风险源、环境风险防范和应急措施等进行检查，有效预防跨界水污染突发环境事件的发生。

国家林业局、北京市、天津市和河北省印发并实施京津冀生态圈森林与自然生态保护修复规划（2016—2020 年），并签署《共同推进京津冀协同发展林业生态率先突破框架协议》。协议中强调京津冀地区需要进行多项举措，保障区域林业生态。一是加大植树造林力度。加快实施京津风沙源治理、退耕还林、三北防护林、太行山绿化、平原绿化、城乡绿化等重点工程。推动京津冀水土保持、水源涵养功能区造林绿化，加快推进永定河流域综合治理与生态修复。共同推进北京冬奥会延庆赛区、张家口赛区、燕山—太行山涵养区、国家储备林基地等重大造林绿化项目。二是提升森林资源质量。明确划定京津冀地区林业生态保护红线。继续扩大国家级公益林面积，积极探索建立区域生态效益横向补偿机制，强化森林抚育和退化林修复，全面提高森林质量和效益。三是扩展自然保护空间。提升自然保护区、湿地、森林公园、风景名胜区等的建设和管护水平，构建完整的环首都自然保护体系。加强京津冀湿地保护和修复力度，建立湿地保护协调和生态补偿机制。四是建立区域联防联控体系。强化三地森林保护合作机制，实现京津冀跨区域一体化联防联治。建立三地森林防火联勤指挥部。建立和完善京津冀林业有害生物监测预警、检疫御灾联防协作体系。

10.4　北京冬奥协同发展遗产的应用前景与意义

通过总结社会维度、经济维度与环境维度的协同发展遗产的作用可以发现，北京冬奥会的冬奥遗产可以从京津冀地区的区域协同以及三个可持续发展维度的协同发展两个角度对地区发展起到促进作用。

首先，通过利用奥运协同遗产，可以在未来持续对京津冀地区的资源分配和政策重心产生优化作用。其中，北京作为主要的赛事承办城市，且发展程度最高，可以通过冬奥效应，在未来持续给京津冀地区的产业转型与产业协同带来正向影响。基于继续投入使用的设施与场馆和长期政策，将优势资源输送给其他地区，以冬奥为契机，加强区域间的沟通与协调，调整地区发展模式，向更为高效的地域联合发展转型，充分吸收冬奥协同遗产的经济效应与社会效应，进一步提升区域公平与经济质量。在环境方面，则需要区域之间的互相帮扶与互相依靠，基于现有的冬奥留下的碳汇林、污水整治政策、空气治理政策等进一步深入协同防治，保证京津冀地区环境的长期改善，而非仅仅是奥运举办期间的短期改善。

其次，在区域内部各个维度的协同发展遗产角度上，需要各地优先保证环境政策、环保设施以及环境举措一类的冬奥环境遗产具有持续性，能够长时间发挥较高的效力，而后利用环境遗产的效率来带动区域内对经济遗产以及社会遗产的利用效率。例如，通过更优的环境治理方案，提升生产技术，在不降低生产商经济效益的情况下达到环境治理的目标，并进一步驱动经济遗产的效力，反向促进环境遗产的进一步应用。

总体上，通过对冬奥协同发展遗产的充分应用，可以极大地提高区域发展的效率，在达标的前提下保证资源的充分利用，不浪费过多的人力物力。因此，针对冬奥协同发展遗产的调度对冬奥赛后影响的延续性具有关键作用。

第 11 章　总结和展望

北京冬奥会和冬残奥会秉承绿色办奥理念，践行碳中和承诺。赛事的成功筹办，不仅使北京成为史上首座"双奥之城"，也进一步推动了京津冀地区的协同发展。本书系统梳理了北京冬奥会低碳实践成果，深入探讨了赛事筹办对区域可持续发展的联动促进作用，向读者全面展现了北京冬奥会对全球气候治理及地区协同发展做出的卓越贡献。

结合办赛城市自身发展特点，北京冬奥会通过对赛事相关基础数据的监测、采集、质量控制与多元融合实现了赛事活动碳排放精确监测；通过制定北京冬奥会温室气体核算方法学实现了赛事活动碳排放全面核算；通过推动低碳能源技术示范项目、加强低碳场馆建设管理、建设低碳交通体系、北京冬奥组委率先行动等措施实现碳排放降低与合理管控；通过北京市和张家口市林业固碳、企业自主行动、碳普惠机制等措施实现了北京冬奥会碳排放量全部中和这一目标。本书从减排成效、减排成本以及经济影响等方面对北京冬奥会碳中和"测算控谋"技术体系进行了综合评估。评估结果显示，北京冬奥会实现了碳中和目标。各项碳中和方案具有低成本、高成效的特点，同时推动了办赛城市的经济产出。北京冬奥会为碳中和采取的一系列措施具有里程碑式的积极意义，相关方案对其他大型活动碳中和管理具有宝贵的借鉴价值。

北京冬奥会在推动区域可持续发展方面同样成果显著。通过构建奥运可持续性协同评估体系与冬奥会对办赛城市可持续发展影响评估模型，本书从社会、经济和环境三个维度深入探讨了北京冬奥会对区域协同发展的联动促进效应。结果显示，北京冬奥会强调的环境导向模式，属于最优办奥模式，实现了经济维度和环境维度的相互促进。其中，循环办奥带来的经验与遗产红利极大地提升了北京冬奥会的可持续发展水平。同时，北京冬奥会对京津冀区域协同发展产生的直接和间接效应十分显著，筹办冬奥会推动了京津冀地区的经济建设，提高了环境治理效率。在经济方面，冬奥会举办权的获得使资本市场对关联行业发展产生了正面预期。冬奥会相关建设也加速了京张地区产业结构的调整，促进了京津冀各城市间的协同发展。在环境治理方面，与筹办冬奥会相关的科技研发与环保举措有效地推动了办赛城市的环境治理水平，对区域生态、经济、社会协同发展产生了深远影响。此外，冬奥会的成功举办拉升了京津冀地区的教育质量，促进了各区域间的社会公平，构建了京津冀绿色生态体系。

北京冬奥会与冬残奥会已实现了赛前对国际社会做出的"绿色办奥"庄严承

诺，打造了首个真正实现碳中和目标的奥运会，向世界交出了完美答卷。后冬奥时期，北京与张家口应继续秉承可持续发展理念，通过对冬奥遗产的充分利用，延续其对区域协同发展的积极作用。本书认为，京张两地在经济建设方面应在未来持续对京津冀地区的资源分配和政策重心进行优化，充分发挥冬奥遗产的经济效应与社会效应，进一步提升区域公平与经济质量。在环境方面，则需确保环境政策、环保设施以及环境举措等冬奥环境遗产的持续性，应继续发挥区域协同优势，基于现有冬奥碳汇林资源、污水整治和大气污染物治理政策，进一步深入构建联防联控机制，使京津冀地区的环境治理成果长期延续。

本书针对北京冬奥会在碳中和实践中的技术方案设计及其对京津冀地区经济社会环境协同发展的联动促进效应进行了全面系统的综合评估。相关成果极大地丰富了关于大型赛事活动碳中和实现路径及关键影响因素的科学认知，助力了城市低碳体育基础设施体系的建设，并为强化冬奥会对京津冀协同发展牵引效应的政策制定提供了理论支撑。同时，本书还有助于提高公众对碳减排的关注度和参与的积极性，从而在社会层面推广低碳价值观。

参 考 文 献

[1] 郑方. 基于既有建筑改造的冬奥会冰上场馆可持续策略[J]. 建筑学报, 2019, (1): 43-47.

[2] 朱小地. 冬奥·雪绒花:五棵松冰球训练馆建筑设计[J]. 建筑学报, 2021, (Z1): 52-54.

[3] 窦平平, 李兴钢. 策略与过程: 2022 冬奥会国家雪车雪橇中心地形气候保护系统遮阳设计[J]. 建筑技艺, 2020, 26(10): 90-93.

[4] 林波, 李兴钢, 刘鹏, 等. 国家雪车雪橇中心赛道地形气候保护系统概念设计[J]. 建筑技艺, 2020, 26(10): 94-98.

[5] 张利, 张铭琦. 雪上运动场馆群山地设计技术初探: 以北京 2022 年冬奥会与冬残奥会张家口赛区古杨树场馆群为例[J]. 建筑技艺, 2021, 27(5): 20-27.

[6] 郑方. 国家速滑馆: 面向可持续的技术与设计[J]. 建筑学报, 2021, (Z1): 32-35.

[7] 麻宏伟, 李海兵, 张学生, 等. 北京冬奥村钢结构施工技术[J]. 建筑技术, 2020, 51(8): 1016-1020.

[8] 侯亦南. "水立方"的 ETFE 充气膜结构技术概述[J]. 工程建设与设计, 2019, (22): 7-8.

[9] 杜美会. 首钢滑雪大跳台场馆可持续工作概述[J]. 节能与环保, 2021, (9): 28-30.

[10] 张怡, 苏李渊, 史自卫, 等. 国家速滑馆项目基于 BIM 的智慧建造实践[J]. 城市住宅, 2019, 26(7): 12-16.

[11] 张怡, 史自卫, 苏振华, 等. 国家速滑馆桩基工程基于 BIM 的高效施工技术[J]. 施工技术, 2020, 49(10): 23-26.

[12] 刘楷. 自然工质 CO_2 在 2022 年北京冬奥会冰场的运用[J]. 制冷技术, 2020, 40(2): 20-24.

[13] 马一太, 王派. 2022 年北京冬奥会国家速滑馆 CO_2 制冷系统和国家雪车雪橇中心氨制冷系统的简介[J]. 制冷技术, 2020, 40(2): 2-7.

[14] Roubík H, Barrera S, van Dung D, et al. Emission reduction potential of household biogas plants in developing countries: the case of central Vietnam[J]. Journal of Cleaner Production, 2020, 270: 122257.

[15] Hedayati M, Iyer-Raniga U, Crossin E. A greenhouse gas assessment of a stadium in Australia[J]. Building Research and Information, 2014, 42(5): 602-615.

[16] 朱淑瑛, 刘惠, 董金池, 等. 中国水泥行业二氧化碳减排技术及成本研究[J]. 环境工程, 2021, 39(10): 15-22.

[17] 杨璐, 杨秀, 刘惠, 等. 中国建筑部门二氧化碳减排技术及成本研究[J]. 环境工程, 2021, 39(10): 41-49.

[18] 王靖添, 闫琰, 黄全胜, 等. 中国交通运输碳减排潜力分析[J]. 科技管理研究, 2021, 41(2): 200-210.

[19] 李晓琴, 银元. 低碳旅游景区概念模型及评价指标体系构建[J]. 旅游学刊, 2012, 27(3): 84-89.

[20] 张杰, 王圣. 发电行业低碳减排技术水平评估体系及方法[J]. 山西建筑, 2013, 39(34): 194-196.

[21] 翁靓, 曾绍伦. 基于费用效益分析的白酒企业节能减排项目可行性评估[J]. 酿酒科技, 2015, (7): 132-136.

[22] 孙小慧. 炼化企业 CO_2 减排评估体系及减排技术研究[D]. 东营: 中国石油大学(华东), 2010.

[23] 王琴, 曲建升, 曾静静. 生存碳排放评估方法与指标体系研究[J]. 开发研究, 2010, (1): 17-21.

[24] 李枭鸣, 朱法华, 王圣, 等. 我国火电行业碳减排技术的综合评估研究[J]. 环境科技, 2014, 27(4): 14-17.

[25] Li J Y, Li S S, Wu F. Research on carbon emission reduction benefit of wind power project based on life cycle assessment theory[J]. Renewable Energy, 2020, 155: 456-468.

[26] 李红强, 王礼茂. 中国发展非粮燃料乙醇减排 CO_2 的潜力评估[J]. 自然资源学报, 2012, 27(2): 225-234.

[27] 温阳. 国际大型体育赛事与城市发展研究: 以上海国际网球赛事为例[J]. 南京体育学院学报(自然科学版), 2017, 16(4): 7-11.

[28] 顿晓明. 马拉松对城市经济发展的影响: 基于双重差分模型的研究[D]. 南昌: 江西财经大学, 2017.

[29] 周晓丽, 马小明. 国际体育赛事对举办城市旅游经济影响实证分析[J]. 经济问题探索, 2017, (9): 38-45.

[30] 卓明川, 林晓. 大型体育赛事对城市环境竞争力的影响[J]. 体育科技文献通报, 2017, 25(4): 112-113.

[31] 于萌, 荆雯. 我国大型体育赛事生态环境问题研究进展述评[J]. 体育学刊, 2014, 21(1): 57-60.

[32] 方娜. 大型体育赛事促进举办城市社会文明发展的研究: 以第七届全国城市运动会为例 [D]. 南昌: 南昌大学, 2012.

[33] 孙媛, 纪文清. 大型体育赛事承办与城市生态环境保护研究[J]. 湖北体育科技, 2015, 34(12): 1055-1057.

[34] 岳凤文. 京津冀体育赛事协同发展的测量与评价[D]. 天津: 天津体育学院, 2019.

[35] 王涛. 大型体育赛事对城市发展影响研究: 兼论十四运会对陕西承办城市发展影响[D]. 西安: 西安体育学院, 2017.

[36] 武雨佳, 王庆伟, 刘弋飞. 2022 年冬奥会背景下京津冀大众滑雪赛事协同发展研究[J]. 沈阳体育学院学报, 2021, 40(5): 16-23.

[37] 宋芷媛. 从郑开国际马拉松赛看体育赛事对郑汴体育一体化的影响[D]. 郑州: 河南大学, 2020.

[38] 兰顺领. 长三角一体化背景下区域体育旅游协同发展的困境与出路[J]. 山东体育学院学报, 2020, 36(5): 111-118.

[39] Economic Research Associates. Community Economic Impact of the 1984 Olympic Games in Los Angeles[M]. Los Angeles: Olympic Organizing Committee, 1984: 46-65.

[40] Kim J G, Rhee S W, Yu J C, et al. Impact of the Seoul Olympic Games on national development[R]. Seoul: Korea Development Institute, 1989.

[41] National Football League. Super Bowl XXXIII generates $396 million for South Florida[R]. New York: NFL Report, 1999.

[42] Blake A. Economic impact of the London 2012 Olympics[R]. Nottingham: Nottingham University Business School, 2005.

[43] Li S T, Duan Z G. Macroeconomic effects of Olympic economy on the Beijing and rest of China[EB/OL]. [2024-04-16]. https://www.iioa.org/conferences/15th/pdf/shantong_zhigang.pdf.

[44] Matheson V A. Assessing the infrastructure impact of mega-events in emerging economies[R].

Minneapolis: Economics Department, 2012.

[45] 吴殷. 基于投入产出的体育赛事活动的经济影响个案分析[J]. 上海体育学院学报, 2009, 33(4): 9-11.

[46] Andreff W. The winner's curse in sports economics[M]//Budzinski O, Feddersen A. Contemporary Research in Sports Economics. Berlin: Peter Lang , 2014:177-205.

[47] 刘蔚宇, 由会贞, 黄海燕. 基于投入产出模型的马拉松赛事经济影响研究: 以 2016—2018 南京马拉松为例[J]. 体育科研, 2019, 40(5): 9-15, 28.

[48] Allan G, Dunlop S, Swales K. The economic impact of regular season sporting competitions: the Glasgow old firm football spectators as sports tourists[J]. Journal of Sport & Tourism, 2007, 12(2): 63-97.

[49] Jasmand S, Maennig W. Regional income and employment effects of the 1972 Munich Summer Olympic Games[J]. Regional Studies, 2008, 42(7): 991-1002.

[50] Degen M. Barcelona's Games: the Olympics, Urban Design, and Global Tourism[M]. London: Routledge, 2004: 30-35.

[51] Kim H J, Gursoy D, Lee S B. The impact of the 2002 World Cup on South Korea: comparisons of pre- and post-games[J]. Tourism Management, 2006, 27(1): 86-96.

[52] Bennett T. The Birth of the Museum: History, Theory, Politics[M]. London: Routledge, 1995.

[53] Hinds A, Vlachou E. Fortress Olympics: counting the cost of major event security[J]. Jane's Intelligence Review, 2007, 19(5): 20-26.

[54] Brownell S. Human rights and the Beijing Olympics: imagined global community and the transnational public sphere [J]. The British Journal of Sociology, 2012, 63(2): 306-327.

[55] Chalip L. Towards social leverage of sport events[J]. Journal of Sport & Tourism, 2006, 11(2): 109-127.

[56] Kellett P, Hede A M, Chalip L. Social policy for sport events: leveraging (relationships with) teams from other nations for community benefit[J]. European Sport Management Quarterly, 2008, 8(2): 101-121.

[57] Smith A. Theorising the relationship between major sport events and social sustainability[J]. Journal of Sport & Tourism, 2009, 14(2/3): 109-120.

[58] Olds K. Urban mega-events, evictions and housing rights: the Canadian case[J]. Current Issues in Tourism, 1998, 1(1): 2-46.

[59] Costley D. Master planned communities: Do they offer a solution to urban sprawl or a vehicle for seclusion of the more affluent consumers in Australia?[J]. Housing, Theory and Society, 2006, 23(3): 157-175.

[60] He G J, Fan M Y, Zhou M G. The effect of air pollution on mortality in China: evidence from the 2008 Beijing Olympic Games[J]. Journal of Environmental Economics and Management, 2016, 79: 18-39.

[61] 吴成港, 杨铄. 体育赛事碳排放研究进展: 环境影响、碳足迹测算与应对举措[J]. 浙江体育科学, 2024, 46(1): 37-42.

[62] May V. Environmental implications of the 1992 Winter Olympic Games[J]. Tourism Management, 1995, 16(4): 269-275.

[63] 黄海燕. 体育赛事综合影响的事前评估研究[D]. 上海: 上海体育学院, 2009.

[64] Boykoff J. Celebration Capitalism and the Olympic Games[M]. London: Routledge, 2013: 30-35.

[65] Scrucca F, Severi C, Galvan N, et al. A new method to assess the sustainability performance of

events: application to the 2014 World Orienteering Championship[J]. Environmental Impact Assessment Review, 2016, 56: 1-11.

[66] Müller M, Wolfe S D, Gaffney C, et al. An evaluation of the sustainability of the Olympic Games[J]. Nature Sustainability, 2021, 4: 340-348.

[67] Kassens-Noor E, Lauermann J. How to bid better for the Olympics: a participatory mega-event planning strategy for local legacies[J]. Journal of the American Planning Association, 2017, 83(4): 335-345.

[68] Lowen A, Deaner R O, Schmitt E. Guys and gals going for gold: the role of women's empowerment in Olympic success[J]. Journal of Sports Economics, 2016, 17(3): 260-285.

[69] 刘韵. 北京冬奥会背景下兴奋剂仲裁案件的程序正义进路: 以运动员的基本人权为视角[J]. 中国体育科技, 2018, 54(3): 22-28, 51.

[70] Collins A, Cooper C. Measuring and managing the environmental impact of festivals: the contribution of the ecological footprint[J]. Journal of Sustainable Tourism, 2017, 25(1): 148-162.

[71] Sánchez F, Broudehoux A M. Mega-events and urban regeneration in Rio de Janeiro: planning in a state of emergency[J]. International Journal of Urban Sustainable Development, 2013, 5(2): 132-153.

[72] Kassens-Noor E, Kayal P. India's new globalization strategy and its consequences for urban development: the impact of the 2010 Commonwealth Games on Delhi's transport system[J]. International Planning Studies, 2016, 21(1): 34-49.

[73] Flyvbjerg B, Budzier A, Lunn D. Regression to the tail: why the Olympics blow up[J]. Environment and Planning A: Economy and Space, 2021, 53(2): 233-260.

[74] Anderson-Berry L, Keenan T, Bally J, et al. The societal, social, and economic impacts of the World Weather Research Programme Sydney 2000 Forecast Demonstration Project (WWRP S2000 FDP)[J]. Weather and Forecasting, 2004, 19(1): 168-178.

[75] Bovy P. Solving outstanding mega-event transport challenges: the Olympic experience[J]. Public Transport International, 2006, (6): 32-34.

[76] Berardi U. Sustainability assessment in the construction sector: rating systems and rated buildings[J]. Sustainable Development, 2012, 20(6): 411-424.

[77] Zhu Z P, Qiao Y X, Liu Q Y, et al. The impact of meteorological conditions on air quality index under different urbanization gradients: a case from Taipei[J]. Environment, Development and Sustainability, 2021, 23: 3994-4010.

[78] Samatas M. Surveillance in Athens 2004 and Beijing 2008: a comparison of the Olympic surveillance modalities and legacies in two different Olympic host regimes[J]. Urban studies, 2011, 48(15): 3347-3366.

[79] Panagiotopoulou R. The legacies of the Athens 2004 Olympic Games: a bitter-sweet burden[J]. Contemporary Social Science, 2014, 9(2): 173-195.

[80] Keppl M. U.S., Brazil to promote urban sustainability in projects related to World Cup, Olympics[J]. International Environment Reporter: Reference File, 2011, 34(17): 794-795.

[81] Woodward F I, Lomas M R, Betts R A. Vegetation-climate feedbacks in a greenhouse world[J]. Philosophical Transactions: Biological Sciences, 1998, 353(1365): 29-39.